畜禽养殖饲料配方手册系列

E SILIAO
PEIFANG SHOUCE

鹅饲料配方手册

刘长忠　冯长松　主编

化学工业出版社
·北京·

图书在版编目（CIP）数据

鹅饲料配方手册/刘长忠，冯长松主编. —北京：化学工业出版社，2014.5（2024.6 重印）
（畜禽养殖饲料配方手册系列）
ISBN 978-7-122-21093-7

Ⅰ.①鹅…　Ⅱ.①刘…②冯…　Ⅲ.①鹅-饲料-配方-手册　Ⅳ.①S835.5-62

中国版本图书馆 CIP 数据核字（2014）第 141215 号

责任编辑：邵桂林　　　　文字编辑：焦欣渝
责任校对：王素芹　　　　装帧设计：孙远博

出版发行：化学工业出版社
（北京市东城区青年湖南街 13 号　邮政编码 100011）
印　　装：北京科印技术咨询服务有限公司数码印刷分部
850mm×1168mm　1/32　印张 7　字数 207 千字
2024 年 6 月北京第 1 版第 10 次印刷

购书咨询：010-64518888
售后服务：010-64518899
网　　址：http://www.cip.com.cn

定　　价：25.00 元　　

编写人员名单

主　　编　刘长忠　冯长松

副 主 编　姚国佳　魏光河　张红霞

编写人员　（按姓氏笔画排列）

冯长松（河南省农业科学院）

刘长忠（河南科技学院）

张红霞（辉县市畜牧局）

姚国佳（河南牧业经济学院）

谢德华（河南科技学院）

魏光河（西南大学）

魏刚才（河南科技学院）

前言 FOREWORD

养鹅业的规模化、集约化发展，环境对鹅生产性能和健康的影响显得更加重要，其中饲养营养成为最为关键的因素，只有提供充足平衡的日粮，使鹅获得全面均衡的营养，才能使其高产潜力得以发挥。饲料配方是保证动物获得充足、全面、均衡营养的关键技术，是提高动物生产性能和维护动物健康的基本保证。饲料配方的设计不是一个简单的计算过程，实际上是设计者所具备的动物生理、动物营养、饲料学、养殖技术、动物坏境科学等方面科学知识的集中体现。运用丰富的饲料营养学知识，结合不同动物种类和阶段，才能设计出一个应用于实践既能保证生产性能，又能最大限度降低饲养成本的好配方。为了使广大养殖场（户）技术人员熟悉有关的饲料学、营养学知识，了解饲料原料选择及有关饲料、添加剂及药物使用规定等信息，掌握饲料配方设计技术，使好的配方尽快应用于生产实践，特组织有关人员编写了本书。

本手册从鹅的消化特性、鹅的饲料原料、鹅的营养需要与饲养标准、鹅配合饲料的配制方法、鹅的饲料配方举例、配合饲料的质量控制等方面进行了系统的介绍。编写过程中，力求理论联系实际，体现实用性、科学性和先进性。本书不仅适宜于鹅场饲养管理人员和广大养鹅户阅读，也可以作为大专院校和农村函授及培训班的辅助教材和参考书。

由于水平有限，书中可能仍会有不当之处，敬请广大读者批评指正。

编 者

2014 年 9 月

目录 CONTENTS

第一章　鹅的消化特性

第二章　鹅的饲料分类及常用饲料原料

第三章　鹅的营养需要与饲养标准

第四章　鹅饲料的配制方法

第五章　鹅的饲料配方举例

第六章 配合饲料的质量管理

附 录

参考文献

第一章　鹅的消化特性

第一节　消化系统

鹅的消化系统包括消化道和消化腺两部分：消化道由喙、口咽、食道（包括食道膨大部）、胃（腺胃和肌胃）、小肠、大肠和泄殖腔组成；消化腺包括肝脏和胰腺等。

一、口腔和咽

鹅口腔没有唇、齿，颊部也很短，由上喙和下喙组成，上喙长于下喙，质地坚硬，扁而长，呈凿子状，便于采食草。喙边缘呈锯齿状，上下喙的锯齿互相嵌合，在水中觅食时具有滤水保食的作用。鹅舌长，前端稍宽，分舌尖和舌根两部分。舌上没有味觉乳头，但是在口腔黏膜内有味蕾分布。鹅口腔和咽之间没有明显界限。咽的顶端正中有一咽鼓管口。咽黏膜下有丰富的唾液腺，包括上颌腺、下颌腺、咽腺及口角腺。这些腺体很小，但数量很多，能分泌黏液，有导管开口于口腔和咽的黏膜面。

二、食道

鹅的食道长且较宽大，是一条富有弹性的长管，起于口咽腔，与气管并行，略偏于颈的右侧，在胸前与腺胃相连，具有较大的扩张性，便于吞咽较大的食团。鹅在食道后段形成纺锤形的食道膨大部，功能与嗉囊相似，起着储存和浸软食物的作用。

三、胃

鹅的胃由腺胃（前胃）和肌胃（砂囊）两部分组成。腺胃呈短纺锤形，位于左、右肝叶之间的背侧部分。胃壁上有许多乳头，乳头虽比鸡的小，但数量较大，可分泌盐酸和胃蛋白酶，分泌物通过导管开口于乳头排到腺胃腔中。肌胃又叫砂囊或“腕”，位于腺胃后方。肌胃呈现扁圆形，有两个通口，一个通腺胃，一个通十二指肠。两个口都在肌胃的前缘。肌胃的肌层发达，暗红色。鹅肌胃的收缩力很强，适于对青饲料进行磨碎。

四、肠

鹅肠分为大肠和小肠。肠上有绒毛、肠腺，但无中央乳糜管。小肠粗细均匀，肠系膜宽大，并分布大量的血管形成网状。小肠的肠壁由黏膜、肌膜和浆膜 3 层构成，黏膜内有很多肠膜，分泌含有消化酶的肠液，分泌物排入肠腔，对食物进行消化。

鹅大肠由 2 条盲肠和 1 条直肠组成（无结肠），回盲口可作为小肠与大肠的分界线。距回盲口约 1 厘米处的盲肠壁上有一膨大部称为盲肠扁桃体。盲肠呈盲管状，长约 25 厘米，比鸡、鸭的都长，具有较强的消化粗纤维的作用。

直肠末端连接泄殖腔。

五、泄殖腔

泄殖腔略呈球形，内腔面有 3 个横向的环形黏膜褶，将泄殖腔分为 3 部分：前部为粪道，与直肠相通；中部叫泄殖道，输尿管、输精管或输卵管开口在这里；后部叫肛道，直接通向肛门（又叫泄殖孔）。肛门壁内有括约肌。

六、肝脏

肝脏是体内最大的腺体。一般鹅肝重为 60～100 克。呈现黄褐色或暗红色。肝脏分左右两叶，各有一个肝门（每叶的肝动脉、肝门静脉和肝管进出肝的地方称为肝门）。右叶有一个胆囊，右叶分泌的胆汁先储存于胆囊中，然后通过胆管开口流向十二指肠。左叶肝脏分泌的胆汁从肝管直接进入十二指肠。

七、胰腺

胰腺是长条形、灰白色的腺体，位于十二指肠的肠袢内。胰的分泌部为胰腺，分泌含淀粉酶、蛋白酶、脂肪酸等的胰液，经两条导管排入十二指肠，消化食物。

第二节 鹅的消化吸收及消化特点

饲料由喙采食通过水消化道直至排出泄殖腔，在各段消化道中消化程度和侧重点各不相同。鹅是以草食为主的家禽，在消化上又有其特点。

一、消化吸收

（一）胃前消化

食物入口后不经咀嚼，被唾液稍微润湿，即借舌的帮助而迅速吞咽。鹅的唾液中含有少量淀粉酶，有分解淀粉的作用。但由于胃前消化道中酶活力很低，其消化作用很有限，主要还是起食物通道和暂时储存的作用。

（二）胃内消化

鹅腺胃可分泌盐酸和胃蛋白酶。蛋白酶能对食糜起初步的消化作用，但因腺胃体积小，食糜在其中停留时间短，胃液的消化作用主要在肌胃而不是在腺胃；鹅肌胃很大，肌胃肌肉紧密厚实。同时肌胃内有许多砂砾，在肌胃强有力的收缩下，可以磨碎粗硬的饲料。在机械消化的同时，来自腺胃的胃液借助肌胃的运动得以与食糜充分混合，胃液中盐酸和蛋白酶协同作用，把蛋白质初步分解为蛋白际、蛋白胨及少量的肽、氨基酸。鹅肌胃对水和无机盐有吸收作用。

（三）小肠消化

小肠消化主要靠胰液、胆汁和肠液的化学性消化作用，在空肠段的消化最为重要。胰液和肠液含有多种消化酶，能使食糜中蛋白质、糖类（淀粉和糖原）、脂肪逐步分解最终成为氨基酸、单糖、脂肪酸等。而肝脏分泌的胆汁则主要促进对脂肪及水溶性维生素的消化吸收。此外，食糜从胃入肠后依靠肠的蠕动逐渐向后推移，同时，禽类的肠还具有明显的逆蠕动，使食糜往返运行，能在肠内停留更长时间，使消化和吸收更加充分。小肠中经过消化的养分绝大部分在小肠吸收，鹅对养分的吸收都是经血液循环进入组织中被利用的。

（四）大肠消化

大肠由盲肠和直肠构成，盲肠内栖居有微生物，是纤维素的消化场所，除食糜中带来的消化酶对盲肠消化起一定作用外，盲肠消化主要是依靠栖居在盲肠的微生物的发酵作用，产生低级脂肪酸而被肠壁吸收。盲肠中有大量细菌，1 克盲肠内容物细菌数有 10 亿个左右，最主要的是严格厌氧的革兰氏阴性杆菌。这些细菌能将粗纤维发酵，最终产生挥发性脂肪酸、氨、胺类和乳酸。同时，盲肠内细菌还能合成 B 族维生素和维生素 K。直肠较短，食糜的停留时间也很短，消化作用不强，主要是吸收一部分水分和盐类，形成粪便，排入泄殖腔，与尿液混合排出体外。

二、鹅消化特点

鹅是草食家禽，完全可以依赖青饲料生存，主要是依靠肌胃强有力的机械消化、小肠对非粗纤维成分的化学性消化、盲肠对粗纤维的微生物消化等三者协同作用。虽然鹅的盲肠微生物能更好地消化利用粗纤维，但由于盲肠处于消化道的后端，很多食糜并不经过盲肠。因此，其消化利用粗纤维的作用也是有限的，在配制鹅饲料时，粗纤维含量也不能过高。农谚“鹅者饿也，肠直便粪，常食难饱”，反映了鹅是依赖频频采食、采食量大而获取养分的。因此，在制定鹅饲料配方和饲养规程时，可采取降低饲料质量（营养浓度）、增加饲喂次数和饲喂数量的办法，来适应鹅的消化特点，提高饲养效果。

第二章 鹅的饲料分类及常用饲料原料

第一节 饲料原料的分类

一、饲料的概念

一切能被动物采食、消化、利用，并对动物无毒无害的物质，都可以用作动物的饲料。饲料是指在合理饲喂条件下能对动物提供营养物质，调控生理机能，改善动物产品品质，且不产生有毒、有害作用的物质。广义上讲，能强化饲养效果的某些非营养物质（如添加剂），也应属于饲料。

二、饲料的分类

（一）传统的饲料分类方法

传统的饲料分类方法实际上是对饲料进行初步归类（见表2-1）。

表 2-1 我国传统的饲料分类

方法	类型
按饲料来源分类	植物性饲料、动物性饲料、矿物质饲料、维生素饲料和添加剂饲料
按饲喂习惯分类	精饲料、粗饲料和多汁饲料
按饲料营养成分分类	能量饲料、蛋白质饲料、维生素饲料、矿物质饲料和添加剂饲料
按中国饲料分类法分类	青绿多汁饲料、树叶类饲料、青贮饲料、块根块茎类和瓜果类饲料、干菜类饲料、藁秕类饲料、谷实类饲料、糠麸类饲料、豆类饲料、饼(粕)类饲料、糟渣类饲料、草籽、动物性饲料、矿物质饲料、维生素饲料、油脂类饲料、添加剂饲料

（二）国际饲料分类法

目前为世界上多数学者所认同的是美国学者 L. E. Harris 的饲料

分类原则和编码体系，现已发展成为当今饲料分类编码体系的基本模式，被称为国际饲料分类法。

国际饲料分类法根据饲料的营养特性将饲料分为粗饲料、青绿饲料、青贮饲料、能量饲料、蛋白质饲料、矿物质饲料、维生素饲料、饲料添加剂 8 大类，并对每类饲料冠以 6 位数的国际饲料编码，编码的模式为△-△△-△△△，8 大类饲料分别用 1~8 代表，放于第 1 节 1 位数空当中。至于第 2 节 2 个位数的空当和第 3 节 3 个位数的空当，共计五位数，依次为万、千、百、十与个位数，用以填写每一种饲料标准的号数。例如，苜蓿干草的编码为 1-00-092，表示其属于粗饲料类；位于饲料标准总号中饲料标样的 92 号。国际饲料分类法见表 2-2。

表 2-2　国际饲料分类法

分类	编码	特点
粗饲料	1-00-000	天然水分含量在 60%以下，干物质中粗纤维≥18%，包括稻壳、干草类、农作物秸秆等。特点是体积大，较难消化，有效能量浓度低，可利用养分少
青绿饲料	2-00-000	天然含水量≥60%的饲料，如牧草、蔬菜。青绿鲜嫩，柔软多汁，富含叶绿素，自然含水量高的植物性饲料
青贮饲料	3-00-000	用新鲜的植物性饲料青贮而成。优点是可解决冬春季青绿饲料的不足，充分保存青绿饲料中的养分，扩大饲料来源，提高饲料品质，同时消灭害虫及有毒物质(厌氧发酵)
能量饲料	4-00-000	干物质中粗纤维＜18%、粗蛋白＜20%的饲料，包括谷实类、糠麸类、块根块茎类、液体能量饲料。营养特点是无氮浸出物高，可达 70%以上，有效能值高，粗蛋白低，氨基酸不平衡，钙少磷多，但磷一般以植酸磷的形式存在
蛋白质饲料	5-00-000	干物质中粗纤维含量低于 18%，粗蛋白含量等于或高于 20%的饲料。包括豆类、饼(粕)类、动物性饲料
矿物质饲料	6-00-000	包括天然和工业合成的含矿物质丰富的饲料，如食盐、石粉、硫酸铜等
维生素饲料	7-00-000	工业合成或提纯的单一或复合的维生素，不包括某种维生素含量较多的天然饲料，如胡萝卜

续表

分类	编码	特点
饲料添加剂	8-00-000	保证或改善饲料品质，促进饲养动物生产，保障饲养动物健康，提高饲料利用率而掺入饲料的少量和微量物质。促生长剂（为促进饲养动物生长而掺入饲料的添加剂）、驱虫保健剂（用于控制饲养动物体内和体外寄生虫的添加剂）、抗氧化剂（为防止饲料中某些活性成分被氧化变质而掺入饲料的添加剂）、防霉保鲜剂（为延缓或防止饲料发酵、腐败而掺入饲料中的添加剂）、调味剂（用于改善饲料适口性，增进饲养动物食欲的添加剂）、着色剂（为改善动物产品或饲料色泽而掺入饲料的添加剂）、黏结剂（为提高粉状饲料成型以及颗粒饲料抗形态破坏能力而掺入饲料的添加剂）等

（三）中国饲料分类法

20 世纪 80 年代初，在张子仪研究员主持下，将我国传统的饲料分类方法与国际饲料分类原则相结合，建立了我国饲料数据库管理系统及饲料分类方法。首先根据国际饲料分类原则将饲料分成 8 大类，然后结合中国传统饲料分类习惯划分为 16 亚类，两者结合，划分后可能出现的类别有 37 类，对每类饲料冠以相应的中国饲料编码（CFN），共 7 位数，首位为国际饲料分类法代码（IFN），第 2、3 位为中国饲料编码亚类编号，第 4～7 位为顺序号。编码分 3 节，表示为△-△△-△△△△。中国饲料分类法见表 2-3。

表 2-3　中国饲料分类法

序号	分类	编码(CFN)	特点
1	青绿多汁类饲料	2-01-0000	凡天然水分含量大于或等于 45%的新鲜牧草、草地牧草、野菜、鲜嫩的藤蔓和部分未完全成熟的谷物植株等皆属此类
2	树叶类饲料	2-02-0000	采摘的树叶鲜喂，饲用时的天然水分含量在 45%以上属青绿饲料
		1-02-0000	采摘的树叶风干后饲喂，干物质中粗纤维含量大于或等于 18%，如槐叶、松针叶等，属粗饲料
3	青贮饲料	3-03-0000	一是由新鲜的植物性饲料调制成的青贮饲料，一般含水量在 65%～75%的常规青贮；二是低水分青贮饲料，亦称半干青贮饲料，用天然水分含量为 45%～55%的半干青绿植物调制成的青贮饲料

续表

序号	分类	编码(CFN)	特点
3	青贮饲料	4-03-0000	谷物湿贮,以新鲜玉米、麦类籽实为主要原料,不经干燥即贮于密闭的青贮设备内,经乳酸发酵,其水分含量约为28%～35%。根据营养成分含量,属能量饲料,但从调制方法上分析又属青贮饲料
4	块根、块茎、瓜果类饲料	2-04-0000	天然水分含量大于或等于45%的块根、块茎、瓜果类,如胡萝卜、芜菁、饲用甜菜等,鲜喂
		4-04-0000	天然水分含量大于或等于45%的块根、块茎、瓜果类,如胡萝卜、芜菁、饲用甜菜等脱水后的干物质中粗纤维和粗蛋白质含量都较低,干燥后属能量饲料,如甘薯干、木薯干等,干喂
5	干草类饲料(包括人工栽培或野生牧草的脱水或风干物,其水分含量在15%以下。水分含量在15%～25%的干草压块亦属此类)	1-05-0000	干物质中的粗纤维含量大于或等于18%者,都属粗饲料
		4-05-0000	干物质中粗纤维含量小于18%,而粗蛋白质含量也小于20%者,属能量饲料,如优质草粉
		5-05-0000	一些优质豆科干草,干物质中的粗蛋白含量大于或等于20%,而粗纤维含量又低于18%者,如苜蓿或紫云英的干草粉,属蛋白质饲料
6	农副产品类饲料	1-06-0000	干物质中粗纤维含量大于或等于18%者,如秸、荚、壳等,都属于粗饲料
		4-06-0000	干物质中粗纤维含量小于18%,粗蛋白质含量也小于20%者,属能量饲料(罕见)
		5-06-0000	干物质中粗纤维含量小于18%,而粗蛋白质含量大于或等于20%者,属于蛋白质饲料
7	谷实类饲料	4-07-0000	干物质中一般粗纤维含量小于18%,粗蛋白质含量也小于20%,如玉米、稻谷等,属能量饲料
8	糠麸类饲料	4-08-0000	饲料干物质中粗纤维含量小于18%,粗蛋白质含量小于20%的各种粮食碾米、制粉得到的副产品,如小麦麸、米糠等,属能量饲料
		1-08-0000	粮食加工后的低档副产品,如统糠、生谷机糠等,其干物质中的粗纤维含量多大于18%,属于粗饲料

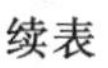

续表

序号	分类	编码(CFN)	特点
9	豆类饲料	5-09-0000	豆类籽实干物质中粗蛋白质含量大于或等于20%，而粗纤维含量又低于18%者，属蛋白质饲料，如大豆等
		4-09-0000	个别豆类籽实的干物质中粗蛋白质含量在20%以下，如江苏的爬豆，属于能量饲料
10	饼(粕)类饲料	5-10-0000	干物质中粗蛋白质含量大于或等于20%，粗纤维含量小于18%，大部分饼(粕)属于此类，为蛋白质饲料
		1-10-0000	干物质中的粗纤维含量大于或等于18%的饼(粕)类，即使其干物质中粗蛋白质含量大于或等于20%，仍属于粗饲料，如有些多壳的向日葵籽饼及棉籽饼
		4-08-0000	一些饼(粕)类饲料，干物质中粗蛋白质含量小于20%，粗纤维含量小于18%，如米糠饼、玉米胚芽饼等，则属于能量饲料
11	糟渣类饲料	1-11-0000	干物质中粗纤维含量大于或等于18%者，属于粗饲料
		4-11-0000	干物质中粗蛋白质含量低于20%，且粗纤维含量也低于18%者，属于能量饲料，如优质粉渣、醋糟、甜菜渣等
		5-11-0000	干物质中粗蛋白质含量大于或等于20%，而粗纤维含量小于18%者，属蛋白质饲料，如含蛋白质较多的啤酒糟、豆腐渣等
12	草籽树实类饲料	1-12-0000	干物质中粗纤维含量大于或等于18%者，属于粗饲料，如灰菜籽等
		4-12-0000	干物质中粗纤维含量在18%以下，而粗蛋白质含量小于20%者，属能量饲料，如干沙枣等
		5-12-0000	干物质中粗纤维含量在18%以下，而粗蛋白质含量大于或等于20%者，属蛋白质饲料，但较罕见
13	动物性饲料(均来源于渔业、畜牧业的动物性产品及其加工副产品)	5-13-0000	干物质中粗蛋白质含量≥20%者，属蛋白质饲料，如鱼粉、动物血、蚕蛹等
		4-13-0000	干物质中粗蛋白质含量<20%，粗灰分含量也较低的动物油脂属能量饲料，如牛脂等
		6-13-0000	干物质中粗蛋白质含量<20%，粗脂肪含量也较低，以补充钙、磷为目的者，属矿物质饲料，如骨粉、贝壳粉等

续表

<table>
<tr><th>序号</th><th>分类</th><th>编码(CFN)</th><th>特点</th></tr>
<tr><td rowspan="2">14</td><td rowspan="2">矿物质饲料</td><td>6-14-0000</td><td>可供饲用的天然矿物质，如石灰、石粉等；化工合成的无机盐类，如硫酸铜等及有机配位体与金属离子的螯合物，如蛋氨酸锌等</td></tr>
<tr><td>6-13-0000</td><td>来源于动物性饲料的矿物质也属此类，如骨粉、贝壳粉等</td></tr>
<tr><td>15</td><td>维生素饲料</td><td>7-15-0000</td><td>由工业合成或提取的单一型或复合型维生素制剂，如维生素 B_1、维生素 B_2、胆碱、维生素 A、维生素 D、维生素 E 等，但不包括富含维生素的天然青绿多汁饲料</td></tr>
<tr><td rowspan="3">16</td><td rowspan="3">饲料添加剂及其他</td><td>8-16-0000</td><td>其目的是为了补充营养物质，保证或改善饲料品质，提高饲料利用率，促进动物生长和繁殖，保障动物健康而掺入饲料中的少量或微量营养性及非营养性物质。如添加饲料防腐剂、饲料黏合剂、驱虫保健剂等非营养性物质</td></tr>
<tr><td>5-16-0000</td><td>饲料中用于补充氨基酸为目的的工业合成赖氨酸、蛋氨酸等</td></tr>
<tr><td colspan="2">随着饲料资源的开发和饲料科研水平的不断提高，凡出现不符合上述 1～15 亚类的分类原则者，皆暂归入此类</td></tr>
</table>

第二节　鹅的常用饲料原料及特性

饲料原料又称单一饲料，是指以一种动物、植物、微生物或矿物质为来源的饲料。单一饲料原料所含养分的数量及比例都不符合鹅的营养需要。配方师要掌握各种饲料原料的营养特点，在设计饲料配方时，根据这些特点，合理利用饲料资源。按饲料原料中营养物质的含量可把饲料原料分为：能量饲料、蛋白质饲料、矿物质饲料、维生素饲料、粗饲料、青绿饲料、青贮饲料和饲料添加剂等 8 大类。

一、能量饲料

能量饲料是指干物质中粗纤维在 18%以下，粗蛋白质在 20%以下的饲料原料。这类饲料主要包括禾本科的谷实饲料和它们加工后的副产品、动植物油脂、糖蜜等，是鹅饲料的主要成分，占日粮的 50%～80%左右，其功能主要是供给鹅所需要的能量。

（一）谷实类

1. 玉米

（1）营养特性　玉米是能量饲料的主要来源，被称为能量之王。能量高（消化能含量为16.386兆焦/千克），粗纤维含量很低（1.3%），无氮浸出物高，主要是易消化的淀粉，其消化率高达90%，适口性好，价格适中；但玉米蛋白质含量较低，一般为8.6%，蛋白质中的几种必需氨基酸含量少，特别是赖氨酸和色氨酸；玉米中脂肪含量高（3.5%～4.5%），是小麦、大麦的2倍，主要是不饱和脂肪酸，因此玉米粉碎后易酸败变质。玉米中含有较多的黄色或橙色的色素，一般含大约5毫克/千克叶黄素和0.5毫克/千克胡萝卜素，有益于蛋黄和鹅的皮肤着色。

如果生长季节和贮藏的条件不适当，可能遭霉菌和霉菌毒素污染。在湿热地区生长并遭受昆虫损害的玉米经常有黄曲霉毒素污染，而且高水平霉菌毒素所造成的可怕后果是很难纠正的。有研究表明，硅酸铝可以部分地削减较高水平黄曲霉毒素的作用。如果怀疑有黄曲霉毒素问题，就应在搅拌和混合之前对玉米样本进行检查。玉米赤霉醇是玉米中经常出现的另一种霉菌毒素。由于此毒素可与维生素相结合，因此可能引起骨骼和蛋壳质量问题。当污染此毒素导致中度时，通过饮水给家禽补充维生素D，已被证明是有效的。

经过运输的玉米，不论运输时间多长，霉菌生长都可能是严重问题。玉米运输中如果湿度≥16%、温度≥25℃，经常发生霉菌生长。一个解决办法是在装运时往玉米中加有机酸。但是必须记住的是，有机酸可以杀死霉菌并预防重新感染，但对已产生的霉菌毒素是没有作用的。

（2）质量要求及分级　要求水分＜14%；脂肪＞3.5%；霉菌毒素AFB_1＜0.05毫克/千克；异物＜3%；破碎粒＜7%；无霉变、异味、发芽、虫蛀。玉米的质量分级见表2-4。

表2-4　玉米的质量分级

指标	一级(优等)	二级(中等)	三级
粗蛋白质/%	≥9.0	≥8.0	≥7.0
粗纤维/%	＜1.5	＜2.0	＜2.5
粗灰分/%	＜2.3	＜2.6	＜3.0

注：玉米各项指标均以86%干物质为基础。低于三级者为等外品。

(3) 使用说明　品质受水分、杂质含量影响较大，易发霉、虫蛀，需检测 AFB_1 含量，且含抗烟酸因子。玉米是鹅的主要能量饲料，在配制日粮时可根据需要不加限制，一般用量在 50%～70%。0～4 周龄用量为 60%，4～18 周龄 70%，成年鹅最高用量 70%。使用时注意补充赖氨酸、色氨酸等必需氨基酸；培育的高蛋白质、高赖氨酸饲用玉米等，营养价值更高，饲喂效果更好。饲料要现配现用，可使用防霉剂。

2. 小麦

(1) 营养特性　含能量与玉米相近，粗蛋白质含量高（13%），且氨基酸比其他谷实类完全，氨基酸组成中较为突出的问题是赖氨酸和苏氨酸不足；B 族维生素丰富，不含胡萝卜素。用量过大，会引起消化障碍，因为小麦内含有较多的非淀粉多糖，钙磷比例不当，苏氨酸、赖氨酸缺乏，使用时必须与其他饲料配合。

虽然小麦的蛋白质含量比玉米要高得多，供应的能量只是略为少些，但是如果在日粮中的用量超过 30%就可能造成一些问题，特别是对于幼龄家禽。小麦含有 5%～8%的戊糖，后者可能引起消化物黏稠度问题，导致总体的日粮消化率下降和粪便湿度增大。戊糖的主要存在形式是阿拉伯木聚糖，它与其他的细胞壁成分相结合，能吸收比自身重量高达 10 倍的水分。但是，家禽不能产生足够数量的木聚糖酶，因此这些聚合物就能增加消化物的黏稠度。多数幼龄家禽（<10 日龄）中所观察到的小麦代谢能下降 10%～15%，这个现象很可能就与它们不能消化这些戊糖有关。随着小麦贮藏时间的延长，其对消化物黏稠度的负面影响似乎会下降。通过限制小麦用量（特别是对于幼龄家禽）和/或使用外源的木聚糖酶，可以在一定程度上控制消化物黏稠度问题。小麦还含有 α-淀粉酶抑制因子，制粒时应用的较高温度似乎可以破坏这些抑制因子。

肉禽日粮中使用小麦可以改进颗粒的牢固性，在日粮中添加 25%以上小麦可以起到在难制粒日粮中添加黏结剂的作用。可用整粒小麦饲喂 10～14 日龄以后的肉用家禽。

(2) 质量要求及分级　要求水分<14%；异物<2%；热损粒<1%；密度 0.72～0.83 千克/升；无霉变、异味、发芽、虫蛀。饲料用小麦质量分级见表 2-5。

表 2-5　饲料用小麦质量分级

指标	一级	二级	三级
粗蛋白质/%	≥14	≥12	≥10
粗纤维/%	<2	<3	<3.5
粗灰分/%	<2	<2	<3

注：小麦各项指标均以86%干物质为基础。低于三级者为等外品。

(3) 使用说明　一般在配合饲料中用量可占10%～20%。添加β-葡聚糖酶和木聚糖酶的情况下，可占30%～40%。但小麦价格高。在小麦日粮中添加酶制剂时，选用针对性较强的专一酶制剂，可以发挥酶的最大潜力，使小麦型日粮的利用高效而经济。

当以小麦大幅度地代替黄玉米喂禽时要注意适当添加黄色素，以维持禽体及蛋黄必要的颜色，因为黄玉米本身含有丰富的天然色素，而小麦则缺乏相应的色素。从营养成分来说，虽然小麦中生物素含量超过了玉米，但是它的利用率较低，当大量利用小麦日粮时如果不注意添加外源性的生物素，则会导致禽类脂肪肝综合征的大量发生。所以在实际生产过程中，当小麦占能量饲料的一半时，应考虑添加生物素。

用小麦生产配合饲料时，应根据不同饲喂对象采取相应的加工处理方法（或破碎，或干压，或湿碾，或制粒，或膨化），不管如何加工，都应以提高适口性和消化率为主要目的。在生产实践中发现，不论对于哪种动物来说，小麦粉碎过细都是不明智的，因为过细的小麦（粒、粉），不但可产生糊口现象，还可能在消化道粘连成团而影响其消化。

3. 高粱

(1) 营养特性　高粱主要成分是淀粉，代谢能含量低于玉米；粗蛋白质含量与玉米相近，但质量较差；脂肪含量比玉米低；含钙少，含磷多，多为植酸磷；胡萝卜素及维生素D的含量较少，B族维生素含量与玉米相似，烟酸含量高。高粱的营养价值约为玉米的95%，所以在高粱价格低于玉米5%时就可使用高粱。

作为能量的供给源，高粱可代替部分玉米，若使用高单宁酸高粱时，可添加蛋氨酸、赖氨酸及胆碱等，以缓和单宁酸的不良影响。饲料中高粱用量多时应注意维生素 A 的补充及氨基酸、热能的平衡，并考虑色素来源及必需脂肪酸是否足够。

(2) 质量要求及分级　要求水分＜13.5%；脂肪＜2.5%；破碎＜3%；异物＜4%；密度 0.64～0.72kg/L；无霉变、酸味、结块。饲料用高粱质量分级见表 2-6。

表 2-6　饲料用高粱质量分级

指标		一级	二级	三级
粗蛋白质/%	≥	9.0	7.0	6.0
粗纤维/%	＜	2.0	2.0	3.0
粗灰分/%	＜	2.0	2.0	3.0

注：高粱各项指标均以 86%干物质为基础。低于三级者为等外品。

(3) 使用说明　高粱的种皮部分含有单宁，具有苦涩味，适口性差。单宁的含量因品种不同而异（0.2%～2%），颜色浅的单宁含量少，颜色深的含量高。高粱中含有较多的鞣酸，可使含铁制剂变性，注意增加铁的用量。在日粮中使用高粱过多时易引起便秘，所以一般在鹅配合饲料中用量不超过 15%，低单宁高粱的用量可适当提高。

4. 大麦

(1) 营养特性　我国大麦的产量居世界首位。我国冬大麦主要产区分布在长江流域各省和河南省，春大麦主要分布在东北地区、内蒙古、青藏高原、山西及新疆北部。目前，我国的大麦除一部分作粮食外，有相当一部分用来酿啤酒，其余用作饲料。

大麦的平均粗蛋白质含量为 11%，国产裸大麦的粗蛋白质含量较高，可达 20.0%，蛋白质中所含有的赖氨酸、色氨酸和异亮氨酸等含量高于玉米，有的品种含赖氨酸高达 0.6%，比玉米高 1 倍多；粗脂肪含量为 2%左右，低于玉米，其脂肪酸中一半以上是亚油酸；在裸大麦中粗纤维含量小于 2%，与玉米相当，皮大麦的粗纤维含量高达 5.9%，二者的无氮浸出物含量均在 67%以上，且主要成分为淀粉及其他糖类；在能量方面裸大麦的有效能值高于皮大麦，仅次于玉米，B 族维生素含量丰富。但由于大麦籽实种皮的粗纤维含量较高(整粒大麦为 5.6%)，所以一定程度上影响了大麦的营养价值。大麦一般不宜整粒饲喂动物，因为整粒饲喂会导致动物的消化率下降。通常大麦发芽后，作为种畜或幼畜的维生素补充饲料。

大麦中的抗营养因子有单宁和β-葡聚糖，单宁可影响大麦的适口性和蛋白质的消化利用率；β-葡聚糖是影响大麦营养价值的主要因素，特别是对家禽的影响较大。

(2) 质量要求及分级　要求水分＜12.5%；异物＜2%；密度0.64～0.72千克/升；无霉变、异味、发芽、虫蛀。饲料用大麦质量分级见表2-7。

表2-7　饲料用大麦质量分级

指标	一级	二级	三级
粗蛋白质/%	≥11.0	≥10.0	≥9.0
粗纤维/%	＜5.0	＜5.5	＜6.0
粗灰分/%	＜3.0	＜3.0	＜3.0

注：各项指标均以87%干物质为基础计算。低于三级者为等外品。

(3) 使用说明　裸大麦和皮大麦在能量饲料中都是蛋白质含量高而品质较好的谷实类，并且从蛋白质的质量来看，作为配合饲料原料具有独特的饲喂效果，大麦中所含有的矿物质及微量元素在该类饲料中也属含量较高的品种。因其皮壳粗硬，需破碎或发芽后少量搭配饲喂。喂量以不超过20%～30%为宜。雏鹅要限量。

5. 小米与碎米

(1) 营养特性　含能量与玉米相近，粗蛋白质含量高于玉米（10%左右），维生素B_2（核黄素）含量为1.8毫克/千克，且适口性好。

(2) 质量要求　水分分别为＜14.0%和＜14%；蛋白质分别为＞6.0%和＞7.0%；粗纤维分别为＜10.0%和＜2%；灰分＜6.0%。

(3) 使用说明　碎米用作鹅饲料需添加色素。一般在配合饲料中用量占15%～20%为宜。

6. 稻谷和糙大米

稻谷是谷实类中产量最高的一种，主产于我国南方。稻谷的化学组成与燕麦相似，种子外壳粗硬，粗纤维含量高，约10%。代谢能值与燕麦相似，粗蛋白含量低于燕麦，为8.3%左右。稻谷的适口性较差，饲用价值不高，仅为玉米的80%～85%，不宜用量太大，一般应控制在20%以内。同时要注意优质蛋白饲料的配合，补充蛋白

质的不足。

稻谷去壳后为糙大米，其营养价值比稻谷高，与玉米相似。代谢能为14.13兆焦/千克，粗蛋白含量为8.8%，氨基酸的组成也与玉米相仿，但色氨酸含量高于玉米（25%），亮氨酸含量低于玉米（40%）。糙大米在家禽日粮中可以完全替代玉米，但目前由于价格的问题，糙大米应用于饲料较少。

7. 燕麦

燕麦在我国西北地区种植较多。燕麦在禽类饲料中应用很少，其是反刍家畜牛、羊的上等饲料。燕麦和大麦一样，也有坚硬的外壳，外壳占整个籽实的1/5～1/3，所以燕麦的粗纤维含量大约为10%，可消化总养分比其他麦类低。燕麦的代谢能值比玉米低26%，粗蛋白含量和大麦相似，约为12%，氨基酸组成不理想，但优于玉米。饲用燕麦的主要成分为淀粉，粗脂肪含量6.6%左右。燕麦钙少磷多，但含镁丰富，有助于防治禽的胫骨短粗症。维生素中胡萝卜素、维生素D含量很少，尤其缺乏烟酸，但富含胆碱和B族维生素。在家禽日粮中燕麦可占10%～20%，一般用量不宜过高。不宜在雏鹅和种鹅日粮中过多使用。

（二）糠麸类

1. 麦麸

（1）营养特性　包括小麦麸和大麦麸，麦麸的粗纤维含量高，为8%～9%，所以能量价值较低；B族维生素含量高，烟酸和胆碱的含量丰富，但缺乏维生素A、维生素D等；麦麸含磷量多，约为1.09%。小麦麸容积大，含镁盐较多，有致泻作用。脂肪含量达4%，易酸败、生虫。麦麸是良好的能量饲料原料。

（2）质量要求及分级　要求水分＜13.5%；脂肪＞3.0%；无霉变、异味、虫蛀及外来异物。小麦麸的质量分级见表2-8。

表2-8　小麦麸的质量分级

指标	一级(优等)	二级(中等)	三级
粗蛋白质/%	≥15.0	≥13.0	≥11.0
粗纤维/%	＜9.0	＜10.0	＜11.0
粗灰分/%	＜6.0	＜6.0	＜6.0

注：小麦麸各项指标均以86%干物质为基础。低于三级者为等外品。

(3) 使用说明　粗纤维含量高，用量不宜过多。一般对雏鹅和产蛋鹅占日粮的5%～15%，鹅育成期10%～25%。

2. 次粉

次粉又称黑面、黄粉、下面或三等粉等，是以小麦籽实为原料磨制各种面粉后获得的副产品之一。

(1) 质量要求及分级　色泽新鲜一致；无发酵、发酸、发霉味，无结块、发热现象，无生虫等；不得掺入次粉以外的物质。若加入抗氧化剂、防霉剂，应作相应说明。饲料用次粉的质量分级见表2-9。

表2-9　饲料用次粉的质量分级

指标	一级(优等)	二级(中等)	三级
粗蛋白质/%	≥14.0	≥12.0	≥10.0
粗纤维/%	<3.5	<5.5	<7.5
粗灰分/%	<2.0	<3.0	<4.0

注：次粉各项指标均以86%干物质为基础。低于三级者为等外品。

(2) 使用说明　粗纤维含量对次粉能值影响较大，需检测粗纤维含量。

3. 米糠

(1) 营养特性　米糠也称为米皮糠、细米糠，它是精制糙米时由稻谷的皮糠层及部分胚芽构成的副产品。糠是由果皮、种皮、外胚乳和糊粉层等部分组成的，这四部分也是糙米的糠层，其中果皮和种皮称为外糠层；外胚乳和糊粉层称为内糠层。在碾米时，大多数情况下，糙米皮层及胚的部分被分离成为米糠。在初加工糙米时的副产品稻壳常称为砻糠，其产品主要成分为粗纤维，饲用价值不高，常作为动物养殖过程中的垫料。在实际生产中，常将稻壳与米糠混合，其混合物即大家常说的统糠，其营养价值随米糠的含量不同，变异较大。

米糠中经过脱脂后成为脱脂米糠，其中经压榨法脱脂的产物称为米糠饼；而经有机溶剂脱脂的产物称为米糠粕。

米糠中含有较高的蛋白质和赖氨酸、粗纤维、脂肪等，特别是脂肪的含量较高，以含有不饱和脂肪酸为主，其中亚油酸和油酸含量占79.2%左右。米糠的有效能值较高，与玉米相当。含钙量低，所含磷以有机磷为主，利用率低，钙、磷不平衡。微量元素以铁、锰含量较为丰富，而铜含量较低。米糠中富含B族维生素和维生素E，但是缺少维生素C和维生素D。米糠中含有胰蛋白酶抑制剂、植酸、稻壳、NSP等抗营养因子，可引起蛋白质消化障碍，影响矿物质和其他养分的利用。

（2）质量要求及分级　根据中华人民共和国农业行业标准《饲料用米糠》《饲料用米糠饼》《饲料用米糠粕》的规定，把常用米糠、米糠饼及米糠粕按其所含有的粗蛋白质、粗纤维、粗灰分分为三级，并分别规定了相对应的水分允许量作为计算的标准，低于三级的为等外品，如表2-10。要求米糠呈淡黄色；无霉变、结块、异味、生虫及酸败味；水分<10.5%；脂肪>14.0%。

表2-10　饲料用米糠、米糠饼和米糠粕的质量标准

分类	指标	一级	二级	三级
米糠	粗蛋白质/%	≥13.0	≥12.0	≥11.0
	粗纤维/%	<6.0	<7.0	<8.0
	粗灰分/%	<8.0	<9.0	<10.0
米糠饼	粗蛋白质/%	≥14.0	≥13.0	≥12.0
	粗纤维/%	<8.0	<10.0	<12.0
	粗灰分/%	<9.0	<10.0	<12.0
米糠粕	粗蛋白质/%	≥15.0	≥14.0	≥13.0
	粗纤维/%	<8.0	<10.0	<12.0
	粗灰分/%	<9.0	<10.0	<12.0

注：以86%干物质为基础计算，中华人民共和国农业行业标准NY/T 122—89。

（3）使用说明　米糠不但是一种含有效能值较高的饲料，而且其适口性也较好，大多数动物都比较喜欢采食。但是米糠的用量不可过大，否则会影响动物产品的质量。禽类对米糠的饲用效果不如猪，如果在禽类饲料中添加量过大时，可引起禽类采食量下降，体重下降，骨质不佳。如果发生在蛋禽，则易引起禽类的产蛋量、蛋壳厚度和蛋黄色泽等品质下降。但是由于米糠中含有较高的亚油酸，它可使禽蛋的蛋重显著提高。

总的来说，米糠是比较好的饲料原料，但是由于米糠中不但含有较高的不饱和脂肪酸，还含有较高的脂肪水解酶类，所以容易发生脂肪的氧化酸败和水解酸败，导致米糠的霉变，而引起动物严重的腹泻，甚至引起死亡，所以米糠一定要保存在阴凉干燥处，必要时可制

成米糠饼、米糠粕进行保存。

一般雏鹅米糠用量占日粮的5%～10%，育成期10%～20%，成鹅料中米糠用量不超过30%。喂米糠过多会引起拉稀。

4. 高粱糠

(1) 营养特性　粗蛋白质含量略高于玉米，B族维生素含量丰富，但含粗纤维量高、能量低，且含有较多的单宁，适口性差。

(2) 质量要求　水分＜13.5%；蛋白质＞14.0%。

(3) 使用说明　一般在配合饲料中用量不宜超过5%。

(三) 块根块茎类饲料

主要有马铃薯、甘薯、木薯、胡萝卜、南瓜等。种类不同，营养成分差异很大，其共同的饲用价值为：新鲜，含水量高，多为75%～90%，十物质相对较低，能值低，粗蛋白含量仅1%～2%，且一半为非蛋白质含氮物，蛋白质品质较差。干物质中粗纤维含量低(2%～4%)。粗蛋白7%～15%，粗脂肪低于9%，无氮浸出物高达67.5%～88.15%，且主要是易消化的淀粉和戊聚糖。经晾晒和烘干后能值高（代谢能9.2～11.29兆焦/千克），近似于谷物类籽实饲料。有机物消化率高达85%～90%。钙、磷含量少，钾、氯含量丰富。

(1) 质量要求　干物质中，水分＜12.5%；蛋白质＞3.5%（木薯＞2.5%）；脂肪＞2.0%；纤维＜4.0%；灰分＜5.0%；无发酵、霉变、结块、异味及异臭，无异物。

(2) 作用　此类饲料由于含水量高，能值低，饲喂时要配合其他饲料。

(四) 油脂饲料

油脂饲料是指油脂和脂肪含量高的原料。其发热量为碳水化合物或蛋白质的2.25倍。包括动物油脂（牛油、家禽脂肪、鱼油）、植物油脂（植物油、椰仁油、棕榈油）、饭店油脂和脂肪含量高的原料，如膨化大豆、大豆磷脂等。油脂饲料可作为脂溶性维生素的载体，还能提高日粮中的能量浓度，减少料末飞扬和饲料浪费。添加大豆磷脂还能保护肝脏，提高肝脏的解毒功能，保护黏膜的完整性，提高机体免疫系统活力和抵抗力。

(1) 质量要求　总脂肪含量大于90%；游离脂肪酸小于10%；

水分小于1.5%；不溶性杂质小于0.5%。不皂化值：动物油小于1%，植物油小于4%。碘价：固体动物油40～52，液态动物油52～60，动植物混合油60～100，榨油皂油脚100～150，大豆油和玉米油皂油脚100～150，其他为140以上。

(2) 作用 日粮中添加3%～5%的脂肪，可以提高雏鹅的日增重，保证蛋鹅夏季能量的摄入量和减少体增热，降低饲料消耗。但添加脂肪的同时要相应提高其他营养素的水平。脂肪易氧化、酸败和变质，需予以注意。

二、蛋白质饲料

鹅的生长发育、繁殖以及维持生命都需要大量的蛋白质，通过饲料供给。蛋白质饲料是指干物质中粗蛋白质含量在20%以上（含20%），粗纤维含量在18%以下（不含18%）的饲料。蛋白质饲料可分为植物性蛋白质饲料、动物性蛋白质饲料和单细胞蛋白质饲料三大类。一般在日粮中的用量占20%～40%。

(一) 植物性蛋白质饲料

1. 豆科籽实

绝大多数豆科籽实（大豆、黑豆、豌豆、蚕豆）主要用作人类的食物，少量用作饲料。它们的共同营养特点是蛋白质含量丰富(20%～40%)，而无氮浸出物含量较谷实类低（28%～62%）。

由于豆科籽实有机物中蛋白质含量较谷实类高，特别是大豆还含有很多油分，所以其能值甚至超过谷实类中能量最高的玉米。豆科籽实中蛋白质品质优良，特别是赖氨酸的含量较高，但蛋氨酸的含量相对较少，这正是豆科籽实蛋白质品质不足之处。豆科籽实中的矿物质与维生素含量与谷实类大致相似，不过维生素B_1与维生素B_2的含量较某些种类低。钙含量略高一些，但钙、磷比例仍不平衡，通常磷多于钙。

豆类饲料在生的状态下常含有一些抗营养因子和影响畜禽健康的不良成分，如抗胰蛋白酶、产生甲状腺肿大的物质、皂素与血凝集素等，均对豆类饲料的适口性、消化率与动物的一些生理过程产生不良影响。这些不良因子在高温下可被破坏，如经110℃、3分钟的热处理后便失去作用。

目前，发达国家已广泛应用膨化全脂大豆粉作禽类饲料。因大豆粉中不仅蛋白质含量高达38%，且含油脂多，能量高，可代替大豆饼（粕）和油脂两种饲料原料。膨化全脂大豆粉应用于鹅饲料，可缩减为提高日粮能量浓度而添加油脂的生产环节，使生产成本降低，并能克服日粮添加油脂后的不稳定性。饲料用大豆的质量分级见表2-11。

表2-11　饲料用大豆的质量分级

指标	一级(优等)	二级(中等)	三级
粗蛋白质/%	≥36.0	≥35.0	≥34.0
粗纤维/%	<5.0	<5.5	<6.5
粗灰分/%	<5.0	<5.0	<5.0

注：大豆各项指标均以87%干物质为基础。有一项不合格则降低一个级别，低于三级者为等外品。

2. 大豆饼（粕）

（1）营养特性　含粗蛋白质40%～45%，赖氨酸含量高，适口性好。大豆饼（粕）的蛋白质和氨基酸的利用率受到加工温度和加工工艺的影响，加热不足或加热过度都会影响利用率。生的大豆中含有抗胰蛋白酶、皂角素、尿素酶等有害物质，榨油过程中，加热不良的饼（粕）中会含有这些物质，影响蛋白质利用率。

（2）质量要求和分级　呈黄褐色或淡黄色不规则的碎片状（饼呈黄褐色饼状或小片状），色泽一致，无发酵、霉变、结块及异味、异臭。水分含量不得超过13.0%。不得掺入大豆饼（粕）以外的物质，若加入抗氧化剂、防霉剂等添加剂时，应做相应的说明。质量指标及分级标准见表2-12。

表2-12　大豆饼（粕）质量指标及分级标准

指标	一级(优等)	二级(中等)	三级
粗蛋白质/%	≥41.0(44.0)	≥39.0(42.0)	≥37.0(40.0)
粗纤维/%	<5.0(5.0)	<6.0(6.0)	<7.0(7.0)
粗灰分/%	<6.0(6.0)	<7.0(7.0)	<8.0(8.0)
粗脂肪/%	<8.0	<8.0	<8.0

注：大豆饼（粕）各项质量指标含量均以87%干物质为基础。低于三级者为等外品。表中括号内的数据为大豆粕的指标。

（3）使用说明　加工的优质大豆饼（粕）是动物的优质饲料，适口性好，营养价值高，优于其他各种饼（粕）类饲料；而加热温度不足的饼（粕）或生豆粕都可降低禽类的生产性能，导致雏禽胰脏肿大，即使添加蛋氨酸也不能得到改善。经过158℃加热的大豆粕可使禽的增重和饲料转化率下降，如果此时补充赖氨酸为主的添加剂，禽类的体重和饲料转化率均可得到改善，可以达到甚至超过正常大豆粕组生长水平。

经加热处理的大豆饼（粕）是鹅最好的植物性蛋白质饲料；一般在配合饲料中用量可占15%～25%。由于大豆饼（粕）的蛋氨酸含量低，故与其他饼（粕）类或鱼粉等配合使用效果更好。

3. 花生饼（粕）

（1）营养特性　粗蛋白质含量略高于大豆饼，为42%～48%，精氨酸和组氨酸含量高，赖氨酸含量低，适口性好于大豆饼。花生饼脂肪含量高，不耐贮藏，易污染黄曲霉而产生黄曲霉毒素。赖氨酸、蛋氨酸含量及利用率低，需配合菜粕及鱼粉使用。

（2）质量要求和分级　以脱壳花生果为原料经预压浸提或压榨浸提法取油后所得的花生饼（粕），花生粕呈色泽新鲜一致的黄褐色或浅褐色碎屑状（饼呈小瓦片状或圆扁块状）。无发酵、霉变、结块及异味、异臭。水分含量不得超过12.0%。不得掺入花生饼（粕）以外的物质。花生饼（粕）质量分级见表2-13。

表2-13　花生饼（粕）质量分级

指标	一级	二级	三级
粗蛋白质/%	≥48.0(51.0)	≥40.0(42.0)	≥36.0(37.0)
粗纤维/%	<7.0(7.0)	<9.0(9.0)	<11.0(11.0)
粗灰分/%	<6.0(6.0)	<7.0(7.0)	<8.0(8.0)

注：花生饼（粕）各项指标均以88%干物质为基础。低于三级者为等外品。表中括号内数据是花生粕的质量标准。

（3）使用说明　一般在配合饲料中用量可占15%～20%。由于精氨酸含量较高，而赖氨酸含量较低，所以与大豆饼配合使用效果较好。生长黄曲霉的花生饼不能使用。

4. 棉籽饼（粕）

（1）营养特性　带壳榨油的称棉籽饼，脱壳榨油的称棉仁饼。前

者含粗蛋白质17%～28%；后者含粗蛋白质39%～40%。在棉籽内，含有棉酚和环丙烯脂肪酸，对家禽有害。

(2) 质量要求和分级 棉籽粕呈色泽新鲜一致的黄褐色（饼呈小瓦片状或圆扁块状），无发酵、霉变、结块及异味、异臭。水分含量不得超过12.0%。不得掺入棉籽饼（粕）以外的物质，若加入抗氧化剂、防霉剂等添加剂时，应作相应的说明。质量分级见表2-14。

表2-14 棉籽饼（粕）质量分级

指标	一级(优等)	二级(中等)	三级
粗蛋白质/%	≥40.0(51.0)	≥36.0(42.0)	≥32.0(37.0)
粗纤维/%	<10.0(7.0)	<12.0(9.0)	<14.0(11.0)
粗灰分/%	<6.0(6.0)	<7.0(7.0)	<8.0(8.0)

注：棉籽饼（粕）各项指标均以88%干物质为基础。低于三级者为等外品。表中括号内数据是棉籽粕的质量指标。

(3) 使用说明 普通的棉籽仁中含有色素腺体，色素腺体内含有对动物有害的棉酚，在棉籽饼（粕）中残留的油分中含量为1%～2%环丙烯脂肪酸，这种物质可以加重棉酚所引起的禽类蛋黄变稀、变硬，同时可以引起蛋白呈现出粉红色。喂前应采取脱毒措施。棉籽饼（粕）喂量，雏鹅不超过8%，其他鹅为10%～15%。

5. 菜籽饼（粕）

(1) 营养特性 含粗蛋白质35%～40%，赖氨酸比大豆饼（粕）低50%，含硫氨基酸高于大豆饼（粕）14%，粗纤维含量为12%，有机质消化率为70%，可代替部分大豆饼（粕）。含芥子酸和葡萄糖苷，用量过大会引起棕壳蛋具鱼腥味，高戊聚糖使幼禽能值利用率低于成禽。

(2) 质量要求和分级 呈黄色或浅褐色，碎片或粗粉状，具有菜籽饼（粕）油香味，无发酵、霉变、结块及异味、异臭（饼呈褐色，小瓦片状、片状或饼状）。水分含量不得超过12.0%。不得掺入菜籽饼（粕）以外的物质。菜籽饼（粕）质量分级见表2-15。

表 2-15 菜籽饼（粕）质量分级

指标	一级	二级	三级
粗蛋白质/%	≥37.0(40.0)	≥34.0(37.0)	≥30.0(33.0)
粗纤维/%	<14.0(14.0)	<14.0(14.0)	<14.0(14.0)
粗灰分/%	<12.0(8.0)	<12.0(8.0)	<12.0(8.0)
粗脂肪/%	<10.0	<10.0	<10.0

注：菜籽饼（粕）各项指标均以87%干物质为基础。低于三级者为等外品。括号中的数据为菜籽粕的指标。

(3) 使用说明　由于普通菜籽饼（粕）中含有致甲状腺肿素，因而应限量投喂。未经脱毒处理的菜籽饼（粕）用量控制在5%～8%，与棉籽饼（粕）搭配使用效果较好。

6. 芝麻饼

(1) 营养特性　粗蛋白质40%左右，蛋氨酸含量高，适当与大豆饼（粕）搭配饲喂，能提高蛋白质的利用率。蛋氨酸、色氨酸、维生素 B_2、烟酸含量高，能值高于棉籽饼（粕）、菜籽饼（粕），具有特殊香味。赖氨酸含量低，因含草酸、肌醇六磷酸抗营养因子，影响钙、磷吸收，会造成禽类脚软症，日粮中需添加植酸酶。

(2) 质量要求和分级　要求水分<7.0%；粗蛋白≥44.0%；粗脂肪>5.0%；粗纤维<6.0%；粗灰分<11.0%；盐酸不溶物<1.5%；色泽新鲜一致，无发霉、变质、虫蛀、结块，不带异臭气味，不得掺杂。

(3) 使用说明　优质芝麻饼与大豆饼有氨基酸互补作用，配合饲料中用量为5%～10%。雏禽不用。芝麻饼含脂肪多而不宜久贮，最好现粉碎现喂。

7. 亚麻饼（胡麻饼）

(1) 营养特性　蛋白质含量为32%～37%。粗纤维含量7%～11%。脂肪含量亚麻饼为3%～7%，亚麻粕为0.5%～1.5%。蛋白质品质不如大豆饼（粕）和棉籽饼（粕），赖氨酸和蛋氨酸含量少，色氨酸含量高达0.45%。

(2) 质量要求和分级　要求水分<9.5%；粗脂肪>4.0%；氢氰酸<350 毫克/千克；色泽新鲜一致，呈褐色，有油香味，无发酵、

霉变、虫蛀、结块及异味、异臭。亚麻饼（粕）质量分级见表 2-16。

表 2-16　亚麻饼（粕）质量分级

指标	一级	二级	三级
粗蛋白质/%	≥32.0(35.0)	≥30.0(32.0)	≥28.0(29.0)
粗纤维/%	<8.0(9.0)	<9.0(10.0)	<10.0(11.0)
粗灰分/%	<6.0(8.0)	<7.0(8.0)	<8.0(8.0)

注：亚麻饼（粕）各项指标均以 87%干物质为基础。低于三级者为等外品。括号中的数据为亚麻粕的指标。

（3）使用说明　含抗吡哆醇因子和能产生氢氰酸的苷，家禽适口性差，具倾泻性，能值、维生素 K、赖氨酸、蛋氨酸较低，赖氨酸与精氨酸比例失调。6 周龄前日粮中不使用亚麻饼。

8. 葵花饼（粕）

（1）营养特性　优质的脱壳葵花饼（粕）含粗蛋白质 40%以上、粗脂肪 5%以下、粗纤维 10%以下，B 族维生素含量比大豆饼高。成分的变化与含壳量的高低相关，加热过度严重影响氨基酸品质，尤以赖氨酸影响最大。含壳量少的葵花饼（粕）成分和价值与棉籽饼（粕）相似，含硫氨基酸高，B 族维生素含量丰富。

（2）质量要求和分级　水分<10.0%；粗蛋白>28%；粗脂肪>2.0%；粗纤维<24.0%；粗灰分<9.0%；色泽一致，呈黄灰色片状或块状，无发酵、霉变、异味、异臭，不得掺入外物。

（3）使用说明　一般在配合饲料中用量可占 10%～20%。带壳的葵花饼（粕）限制用量。

9. 玉米蛋白粉

玉米蛋白粉是玉米脱胚芽、粉碎及水选制取淀粉后的脱水副产品，是有效能值较高的蛋白质类饲料原料，其氨基酸利用率可达到大豆饼（粕）的水平。

（1）营养特性　蛋白质含量高达 50%～60%。高能，高蛋白，蛋氨酸、胱氨酸、亮氨酸含量丰富，叶黄素含量高，有利于禽蛋及皮肤着色。

（2）质量要求和分级　玉米蛋白粉呈淡黄色、金黄色或橘黄色，色泽均匀，多数为固体状，少数为粉状，具有发酵气味；无发霉、变质、虫蛀、结块，不带异臭气味，不得掺杂。加入抗氧化剂、防霉剂

等添加剂时应作相应的说明。饲料用玉米蛋白粉的质量分级见表2-17。

表2-17 饲料用玉米蛋白粉的质量分级

指标		一级	二级	三级
粗蛋白质/%	≥	60.0	55.0	50.0
粗纤维/%	≤	3.0	4.0	5.0
粗灰分/%	≤	2.0	3.0	4.0
粗脂肪/%	≤	5.0	8.0	10.0

注：各项指标均以87%干物质为基础。低于三级者为等外品。

(3) 使用说明　赖氨酸、色氨酸含量低，氨基酸欠平衡，黄曲霉毒素含量高。

10. 玉米胚芽粕

(1) 营养特性　以玉米胚芽为原料，经压榨或浸提取油后的副产品。一般在生产玉米淀粉之前先将玉米浸泡、破碎、分离胚芽，然后取油，取油后即得玉米胚芽粕。玉米胚芽粕中含粗蛋白质18%～20%，粗脂肪1%～2%，粗纤维11%～12%。其氨基酸组成与玉米蛋白饲料（或称玉米麸质饲料）相似。氨基酸较平衡，赖氨酸、色氨酸、维生素含量较高。

(2) 质量要求　要求呈浅色，无发酵、霉变、结块、异味及杂物；水分＜10.0%；粗蛋白＞20.0%；粗脂肪＞1.5%；粗纤维＜11.0%；粗灰分＜2.5%。

(3) 使用说明　能值随着油量高低而变化，品质变异较大，黄曲霉毒素含量高。由于含有较多的纤维质，所以用于家禽饲用量应受到限制。

11. 酒糟蛋白饲料

(1) 营养特性　含有可溶性固形物的干酒糟。在以玉米为原料发酵制取乙醇过程中，其中的淀粉被转化成乙醇和二氧化碳，其他营养成分如蛋白质、脂肪、纤维等均留在酒糟中。同时由于微生物的作用，酒糟中蛋白质、B族维生素及氨基酸含量均比玉米有所增加，并含有发酵中生成的未知促生长因子。市场上的玉米酒糟蛋白饲料产品有两种：一种为DDG（distillers dried grains），是将玉米酒精糟作简单过滤，滤渣干燥，滤清液排放掉，只对滤渣单独干燥而获得的饲料；另一种为DDGS（distillers dried grains with solubles），是将滤清液干燥浓缩后再与滤渣混合干燥而获得的饲料。后者的能量和营养物质总量均明显高于前者。蛋白质含量高（DDGS的蛋白质含量在26%以上），富含B族维生素、矿物质和未知生长因子，促使皮肤发红。

（2）质量要求　要求色泽一致，呈褐色，无霉变、虫蛀、结块及异味、异臭；水分<8.0%；粗蛋白>27.0%；粗脂肪>6.0%；粗纤维<10.0%；粗灰分<8.0%；赖氨酸含量偏低，品质变异较大，添加量过大会影响种畜禽繁殖率。

（3）使用说明　DDGS是必需脂肪酸（如亚油酸）的优秀来源，与其他饲料配合，成为种鹅的饲料。DDGS缺乏赖氨酸，但对于家禽第一限制性氨基酸是用于生长羽毛的蛋氨酸，所有的DDGS产品都是蛋氨酸的优秀来源。对鹅具有促进食欲和生长的效果，但因热能值不高，用量以5%以下为宜。

DDGS水分含量高，谷物已破损，容易生长霉菌，因此霉菌毒素含量很高，可能存在多种霉菌毒素，会引起动物的霉菌毒素中毒症，导致免疫力低下，易发病，生产性能下降，所以必须用防霉剂和广谱霉菌毒素吸附剂；不饱和脂肪酸的比例高，容易发生氧化，对动物健康不利，能值下降，影响生产性能和产品质量，所以要使用抗氧化剂；DDGS中的纤维含量高，单胃动物不能利用，所以使用酶制剂提高动物对纤维的利用率。另外，有些产品可能有植物凝集素、棉酚等，加工后活性应大幅度降低。

12. 啤酒糟（麦芽根）

（1）营养特性　啤酒糟是啤酒工业的主要副产品，是以大麦为原料，经发酵提取籽实中可溶性碳水化合物后的残渣。啤酒糟干物质中含粗蛋白25.13%、粗脂肪7.13%、粗纤维13.81%、灰分3.64%、钙0.4%、磷0.57%；在氨基酸组成上，赖氨酸占0.95%、蛋氨酸0.51%、胱氨酸0.30%、精氨酸1.52%、异亮氨酸1.40%、亮氨酸1.67%、苯丙氨酸1.31%、酪氨酸1.15%；还含有丰富的锰、铁、铜等微量元素。啤酒糟蛋白质含量中等，亚油酸含量高。麦芽根含多

种消化酶，在禽类饲料中少量使用有助于消化。

(2) 质量要求　要求色泽新鲜一致，无霉变、虫蛀、结块及异味、异臭；水分<8.0%（10.0%）；粗蛋白>22.0%（25.0%）；粗脂肪>5.0%（5.0%）；粗纤维<15.0%（15.0%）；粗灰分<7.0%（7.0%）。

(3) 使用说明　啤酒糟以戊聚糖为主，对幼畜营养价值低。麦芽根虽具芳香味，但含生物碱，适口性差。

13. 啤酒酵母

(1) 营养特性　为高级蛋白来源，富含B族维生素、氨基酸、矿物质、未知生长因子。

(2) 质量要求　要求无霉变、结块、异味；水分<8.0%；粗蛋白>40.0%；粗脂肪>1.0%；粗纤维<3.0%；粗灰分<6.5%。

(3) 使用说明　来源少，价格贵，不宜大量使用。

14. 饲料酵母

(1) 营养特性　饲料酵母，即利用酵母菌体作饲料，是纯的单细胞蛋白。呈浅黄色或褐色的粉末或颗粒，具酵母香味，蛋白质的含量高，维生素丰富，含菌体蛋白4%～6%，B族维生素含量丰富，赖氨酸含量高。饲料酵母的组成与菌种、培养条件有关，一般含蛋白质40%～65%、脂肪1%～8%、糖类25%～40%、灰分6%～9%，其中大约有20种氨基酸。在谷物中含量较少的赖氨酸、色氨酸，在酵母中比较丰富；特别是在添加蛋氨酸时，可利用氨约比大豆高30%。饲料酵母的发热量相当于牛肉，又由于含有丰富的B族维生素，通常作为蛋白质和维生素的添加饲料。

(2) 质量要求　见表2-18。

表2-18　饲料酵母质量标准

项目		优等品	一等品	合格品
感官要求	色泽	淡黄色	淡黄至褐色	淡黄至褐色
	气味	具有酵母的特殊气味，无异臭味		
	粒度	应通过SSW0.400/0.250毫米的试验筛		
	杂质	无异物		

续表

项目		优等品	一等品	合格品
理化要求	水分/%	≤8.0	≤9.0	≤9.0
	灰分/%	≤8.0	≤9.0	≤10.0
	碘价(以碘液检查)	不得呈蓝色	不得呈蓝色	不得呈蓝色
	细胞数/(亿个/克)	≥270	≥180	≥150
	粗蛋白质/%	≥45	≥40	≥40
	粗纤维/%	≤1.0	≤1.0	≤1.5
卫生要求	砷(以As计)/(毫克/千克)	≤10	≤10	≤10
	重金属(以Pb计)/(毫克/千克)	≤10	≤10	≤10
	沙门氏菌	不得检出	不得检出	不得检出

(3) 使用说明　酵母品质因反应底物不同而异，可通过显微镜检测酵母细胞总数判断酵母质量。因饲料酵母缺乏蛋氨酸，饲喂时需要与鱼粉搭配。由于其价格较高，所以无法普遍使用。

(二) 动物性蛋白质饲料

1. 鱼粉

(1) 营养特性　是最理想的动物性蛋白质饲料，其蛋白质含量高达45%～60%，而且在氨基酸组成方面，赖氨酸、蛋氨酸、胱氨酸和色氨酸含量高。鱼粉中含丰富的维生素A和B族维生素，特别是维生素B_{12}。另外，鱼粉中还含有钙、磷、铁等。用它来补充植物性饲料中限制性氨基酸的不足，效果很好。

(2) 质量要求和分级　鱼粉的卫生指标应符合饲料卫生标准的规定，不得有寄生虫。质量要求和分级标准如表2-19。

表2-19　鱼粉的质量要求和分级标准（GB/T 19164—2003）

项目		特级品	一级品	二级品	三级品
感官指标	色泽	红鱼粉呈黄棕色、黄褐色等正常鱼粉颜色;白鱼粉呈黄白色			
	组织	膨松,纤维状组织较明显,无结块,无霉变	较膨松,纤维状组织较明显,无结块,无霉变		松软粉状物,无结块,无霉变
	气味	有鱼香味,无焦灼味和油脂酸败味	具有鱼粉正常气味,无异臭,无焦灼味和油脂酸败味		

续表

	项目	特级品	一级品	二级品	三级品
理化指标	粗蛋白质/%	≥65	≥60	≥55	≥50
	粗脂肪/%	≤11(红鱼粉) ≤9(白鱼粉)	≤12(红鱼粉) ≤10(白鱼粉)	≤13	≤14
	水分/%	≤10	≤10	≤10	≤10
	盐分(以 NaCl 计)/%	≤2	≤3	≤3	≤4
	灰分/%	≤16(红鱼粉) ≤18(白鱼粉)	≤18(红鱼粉) ≤20(白鱼粉)	≤20	≤23
	砂分/%	≤1.5	≤2	≤3	≤3
	赖氨酸/%	≥4.6(红鱼粉) ≥3.6(白鱼粉)	≥4.4(红鱼粉) ≥3.4(白鱼粉)	≥4.2	≥3.8
	蛋氨酸/%	≥1.7(红鱼粉) ≥1.5(白鱼粉)	≥1.5(红鱼粉) ≥1.3(白鱼粉)	≥1.3	≥1.3
	胃蛋白酶消化率/%	≥90(红鱼粉) ≥88(白鱼粉)	≥88(红鱼粉) ≥86(白鱼粉)	≥85	≥85
	挥发型盐基氮(VBN)/(毫克/100 克)	≤110	≤130	≤150	≤150
	油脂酸价(以 KOH 计)/(毫克/克)	≤3	≤3	≤7	≤7
	尿素/%	≤0.3	≤0.7	≤0.7	≤0.7
	组胺/%	≤300(红鱼粉) ≤40(白鱼粉)	≤500(红鱼粉) ≤40(白鱼粉)	≤1000(红鱼粉) ≤40(白鱼粉)	≤1500(红鱼粉) ≤40(白鱼粉)
	铬(以 6 价铬计)/(毫克/千克)	≤8	≤8	≤8	≤8
	粉碎粒度	至少 98%能通过筛孔为 2.80 毫米的标准筛			
	杂质/%	鱼粉中不允许添加非鱼粉原料的含氮物质，诸如植物饼(粕)、皮革粉、羽毛粉、尿素、血粉等。亦不允许添加加工鱼粉后的废渣			

(3) 使用说明　易感染沙门氏菌，脂肪含量过高会造成氧化及自燃，加工、贮存不当会使鱼粉中的组胺与赖氨酸结合产生肌胃糜烂素。可通过化学测定和显微镜检验鱼粉是否掺假。一般在配合饲料中

用量不超过5%，多与植物性饲料配合使用。

2. 饲料用血制品

饲料用血制品主要有血粉（全血粉）、血浆蛋白粉与血细胞蛋白粉（血细胞粉）3种。

(1) 血粉（全血粉） 血粉是往屠宰动物的血中通入蒸汽后，凝结成块，排除水后，用蒸汽加热干燥，粉碎形成。根据工艺不同可分为喷雾干燥血粉、滚筒干燥血粉、蒸煮干燥血粉、发酵血粉和膨化血粉5种。

① 喷雾干燥血粉 屠宰猪收集血液→血液贮藏罐→搅拌除去纤维蛋白→送至喷雾系统喷雾干燥→包装→低温贮存。

② 滚筒干燥血粉 畜禽血液于热交换容器中通入60～65.5℃水蒸气使血液凝固，通过压辊粉碎。

③ 蒸煮干燥血粉 把新鲜血液倒入锅中，加入相当于血量1%～1.5%的生石灰，煮熟使之形成松脆的团块。捞出团块，摊放在水泥地上晒干至呈棕褐色，再用粉碎机粉碎成粉末状。

④ 发酵血粉 家畜屠宰血加入糠麸及菌种混合发酵后低温干燥粉碎。

⑤ 膨化血粉 畜禽血液于热交换容器中通入60～65.5吨水蒸气使血液凝固，膨化机膨化后通过压辊粉碎。

血粉蛋白质含量高，赖氨酸、亮氨酸含量高，缬氨酸、组氨酸、苯丙氨酸、色氨酸含量丰富。含粗蛋白80%以上，赖氨酸含量为6%～7%，但蛋氨酸和异亮氨酸含量较少。饲料用血粉质量标准见表2-20。

表2-20 饲料用血粉质量标准

指标	一级	二级
粗蛋白质/%	≥80	≥70
水分/%	≤10	≤10
粗纤维/%	≤1	≤1
灰分/%	≤4	≤6
性状	干燥粉粒状物	
气味	具有血制品固有气味，无腐败变质气味	

续表

指标	一级	二级
色泽	暗红色或褐色	
粉碎粒度	能通过 2～3 毫米孔筛	
杂质	不含砂石等杂质	

血粉氨基酸组成不平衡，蛋氨酸、胱氨酸含量低，异亮氨酸严重缺乏，利用率低，适口性差。日粮中用量过多，易引起腹泻，一般占日粮的1%～3%。

（2）血浆蛋白粉　血浆蛋白粉是将健康动物新鲜血液的温度在2小时内降至4℃，并保持4～6℃，经抗凝处理，从中分离出的血浆经喷雾干燥后得到的粉末，故又称为喷雾干燥血浆蛋白粉。血浆蛋白粉的种类按血液的来源分主要有猪血浆蛋白粉（SDPP）、低灰分猪血浆蛋白粉（LAPP）、母猪血浆蛋白粉（SDSPP）和牛血浆蛋白粉（SDBP）等。一般情况下，喷雾干燥血浆蛋白粉主要是指猪血浆蛋白粉，其质量标准见表2-21。建议增加赖氨酸、蛋氨酸和胃蛋白酶消化率指标。

表 2-21　喷雾干燥血浆蛋白粉参考质量标准

指标	一级	二级
粗蛋白质/%	≥72	≥70
水分/%	≤8	≤10
挥发性盐基氮/(毫克/100克)	≤25	≤35
灰分/%	≤14	≤17
性状	干燥粉粒状物,无块状物	
气味	具有血制品固有气味,无腐败变质气味	
色泽	淡红色至中等黄色	
粉碎粒度	能通过 2～3 毫米孔筛	
质地	无杂质,均匀一致	

注：符合卫生标准，且大肠杆菌、志贺氏菌不得检出。

（3）血细胞蛋白粉　血细胞蛋白粉是指动物屠宰后血液在低温处

理条件下，经过一定工艺分离出血浆经喷雾干燥后得到的粉末。血细胞蛋白粉又称为喷雾干燥血细胞粉，其质量标准见表 2-22，建议增加赖氨酸、蛋氨酸和胃蛋白酶消化率指标。

表 2-22　血细胞蛋白粉参考质量标准

指标	一级	二级
粗蛋白质/%	≥91	≥88
水分/%	≤8	≤10
灰分/%	≤5	≤6
性状	干燥粉粒状物,无块状物	
气味	具有血制品固有气味,无腐败变质气味	
色泽	暗红、红褐色	
质地	无杂质,均匀一致	

注：符合卫生标准，且大肠杆菌、志贺氏菌不得检出。

3. 肉骨粉

(1) 营养特性。赖氨酸、脯氨酸、甘氨酸含量高，B 族维生素含量丰富，钙、磷含量高且比例合适（2∶1)，是良好的钙、磷供源。粗蛋白质含量达 40%以上；蛋白质消化率高达 80%；水分含量5%～10%；粗脂肪含量为 3%～10%。

(2) 质量要求和分级　饲料用肉骨粉为黄色至黄褐色油性粉状物，具肉骨粉固有气味，无腐败气味。除不可避免地有少量混杂外，不应添加毛发、蹄、羽毛、血、皮革、胃肠内容物及非蛋白含氮物质。不得使用发生疫病的动物废弃组织及骨加工饲料用肉骨粉。加入抗氧化剂时应标明其名称。应符合《动物源性饲料产品安全卫生管理办法》(中华人民共和国农业部令［2004］第 40 号）的有关规定；应符合国家检疫有关规定；应符合 GB 13078 的规定。沙门氏菌不得检出；铬含量≤5 毫克/千克；总磷含量≥3.5%；粗脂肪含量≤12.0%；粗纤维含量≤3.0%；水分含量≤10.0%；钙含量应为总磷量的 180%～220%。以粗蛋白质、赖氨酸、胃蛋白酶消化率、酸价、挥发性盐基氮、粗灰分为定等级指标。质量分级与技术指标见表 2-23。

表 2-23 饲料用肉骨粉质量标准

指标	一级	二级	三级
粗蛋白质/%	≥50	≥45	≥40
赖氨酸/%	≥2.4	≥2.0	≥1.6
胃蛋白酶消化率/%	≥88	≥86	≥84
酸价(以 KOH 计)/(毫克/克)	45	47	49
挥发性盐基氮/(毫克/100 克)	4130	4150	4170
水分/%	≤8	≤10	≤10
粗灰分/%	≤33	≤38	≤43

（3）使用说明　氨基酸欠平衡，蛋氨酸、色氨酸含量低，品质差异较大，蛋白质主要是胶原蛋白，利用率较差。防止沙门氏菌和大肠杆菌污染。一般在配合饲料中用量在5%左右。

4. 蚕蛹粉

（1）营养特性　蚕蛹中含有一半以上的粗蛋白质和0.25%的粗脂肪，且粗脂肪中含有较高的不饱和脂肪酸，特别是亚油酸和亚麻酸。蚕蛹中还含有一定量的几丁质，它是构成虫体外壳的成分，矿物质中钙、磷比例为1：(4～5)，是较好的钙、磷源饲料。同时蚕蛹中富含各种必需氨基酸，如赖氨酸、含硫氨基酸及色氨酸含量都较高。全脂蚕蛹含有的能量较高，是一种高能、高蛋白质饲料，脱脂后的蚕蛹粉蛋白质含量较高，易保存。

（2）质量要求和分级　要求色泽新鲜一致，呈褐色，无发霉、腐败及异臭气味，不得掺杂。质量标准见表2-24。

表 2-24 饲料用蚕蛹粉质量标准

指标	一级	二级	三级
粗蛋白质/%	≥50.0	≥45.0	≥40.0
粗纤维/%	≤4.0	≤5.0	≤6.0
粗灰分/%	≤4.0	≤5.0	≤6.0
粗脂肪/%	≤5.0	≤8.0	≤10.0

注：各项指标均以87%干物质为基础。低于三级者为等外品。

（3）使用说明　有异臭味，使用时要注意添加量，以免影响全价

料总体的适口性。配合饲料中用量为5%左右。

5. 水解羽毛粉

(1) 营养特性　水解羽毛粉含粗蛋白质近80%，蛋白质含量高，胱氨酸含量丰富，适量添加可补充胱氨酸不足，但蛋氨酸、赖氨酸、色氨酸和组氨酸含量低，使用时要注意氨基酸平衡问题，应该与其他动物性饲料配合使用。

(2) 质量标准及分级　饲料用水解羽毛粉为家禽屠体脱毛的羽毛及做羽绒制品筛选后的毛梗，经清洗、高温高压水解处理、干燥和粉碎而制成的细粉粒状物质。标准可参照NY/T 915—2004制定。感官指标的具体要求是：应呈淡黄色、褐色、深褐色、黑色的干燥粉粒状，具有水解羽毛粉正常气味，无异味；理化指标的具体要求见表2-25。

表2-25　水解羽毛粉的质量标准

指标	一级	二级
粗蛋白质/%	≥80	≥75
未水解的羽毛粉/%	≤10	≤10
粗脂肪/%	≤5	5
胱氨酸/%	≥3	3
灰分/%	≤4	6
水分/%	≤10	10
砂分/%	≤2	3
胃蛋白酶-胰蛋白酶复合酶消化率/%	≥80	70
粉碎粒度	通过的标准筛孔不大于3毫米	

注：原料羽毛或水解羽毛粉不得检出沙门氏菌；每100克水解羽毛粉中大肠菌群(MPN/100克)允许量小于1×10^4；每千克水解羽毛粉中砷的允许量不大于2毫克。

(3) 使用说明　氨基酸组成极不平衡，赖氨酸、蛋氨酸、色氨酸含量低，羽毛粉中的蛋白质为角蛋白，利用率低。一般在配合饲料中用量为2%～3%。

6. 皮革蛋白粉

皮革蛋白粉是鞣制皮革过程中形成的各种动物的皮革副产品制成

的粉状饲料。其产品形式有两种：一种是水解鞣皮屑粉，它是“灰碱法”生产皮革时的副产品经过过滤、沉淀、蒸发及干燥后制得的皮革粉；另一种是皮革在鞣制过程中形成的下脚料粉。

皮革蛋白粉中粗蛋白质含量约为80%，除赖氨酸外其他氨基酸含量较少，利用率也较低。

三、青绿饲料

鹅的饲料以青绿饲料为主，各种野生的青草，只要无毒、无异味都可采用。人工栽培的各种蔬菜、牧草都是良好的青饲料。鲜嫩的青饲料含木质素少，易于消化，适口性好，且种类多，来源广，利用时间长。青绿多汁饲料富含粗蛋白质，消化率高，品质优良；钙、磷含量高，比例恰当；胡萝卜素和B族维生素含量也高；碳水化合物中无氮浸出物含量多，粗纤维少，有刺激消化腺分泌的作用。在养鹅生产中，通常精料与青绿饲料的重量比例是：雏鹅1∶1，中鹅1∶1.5，成年鹅1∶2。常用野生和栽培的青绿饲料见表2-26、表2-27。

表2-26　野生的青绿饲料及特点

名称(俗名)	科别	生长地点	利用特点
狗牙根(爬根草、绊根草、行仪芝)	禾本科,多年生	空地、路旁、水边	鹅喜吃嫩草
鸭舌草(猪耳草、马皮瓜、鸭嘴菜)	雨久花科,多年生	湿滴、浅水池塘、稻田	鹅喜吃
狗尾草	禾本科,一年生	荒野、道旁	鹅喜吃草和籽
蟋蟀草(牛筋草、牛尿蟋蟀草、屁股草,野驴棒)	禾本科,一年生	路旁、家前屋后、荒野、田园等湿地	鹅喜吃
稗子(稗子单、稗草、水稗、野稗)	禾本科,一年生	水田、水边、荒野、湿地、沼泽	鹅喜吃其嫩草和种子
茭麦(野茭瓜、公茭笋)	禾本科,多年生	湖沼、池塘的水边、水沟、水中	鹅喜其嫩草
羊蹄(牛舌头菜)	蓼科,多年生	湿地	鹅食其叶和果
酸模(有根的胡萝卜)	蓼科,多年生	湿地	鹅食其叶和果

续表

名称(俗名)	科别	生长地点	利用特点
酢浆草(老野嘴、满天星、酸浆草、野黄黄子)	酢浆草科,多年生	旷地、田边、路旁	鹅喜吃
藜(回回条、灰苋菜、落落菜、飞扬草、灰菜、胭脂菜)	藜科,一年生	原野、田园、路旁、田间	鹅喜吃嫩草
地肤(铁扫帚、扫帚菜)	藜科,一年生	宅旁隙地,田圃边,荒废田间	鹅尚喜吃
莎草(山藤根、香附子、雀头香、草附子)	莎草科,多年生	水边及湿地沙质土中	老鹅再吃其根
荆三棱(野荸荠草)	莎草科,一年或多年生	湿田,河滩	老鹅喜吃其球茎
菹草(虾草、招菜、鹅草、虾藻)	眼子菜科,多年生	地沼,水边	鹅最喜食
香菜(水钱、金莲子、水合子)	龙胆科,多年生	水中	大小鹅均喜吃
金鱼藻(竹节草、松藻)	金鱼藻科,多年生	河沟,池塘中	鹅喜吃

表 2-27 栽培的青绿饲料及特点

名称	生长特性和产量	栽培技术要点
紫花苜蓿	适宜温暖半干旱气候,耐寒性强,除低洼地外各种土壤都可种植;3000～5000 千克/亩	北方、华北地区和长江流域分别在4～7月、3～9月和9～10月播种较为适宜;条播行距20～30厘米,播种深度1.5～2.0厘米,播种量0.75千克/亩;返青和每次刈割后及时追磷钾肥,注意防寒
白三叶	适宜温带地区。喜温暖湿润气候,再生性好,是一种放牧性牧草;耐酸性土壤、耐潮湿,耐寒性差;3000～4000 千克/亩	播种期春秋均可,南方宜秋播但不晚于10月中旬;条播、撒播均可。行距30厘米,播深1～1.5厘米,播种量0.3～0.5千克/亩;苗期注意中耕除草;可以与多年生黑麦草混播
多年生黑麦草	喜温暖湿润气候,喜肥沃土壤,适宜温度 20℃;4000～5000 千克/亩	南方以9～11月份播种为宜,也可在3月下旬播种;条播行距15～30厘米,播深1.5～2.0厘米,播种量1～1.5千克/亩;适当施肥灌水可以提高产量,夏季灌水有利于越夏。苗期及时清除杂草和采种

续表

名称	生长特性和产量	栽培技术要点
无芒草	喜冷凉干燥气候，耐旱、耐湿、耐碱，适应性强，各种土壤均能生长。4300～5750千克/亩（干草300～400千克/亩）	北方寒冷地区宜春播或夏播，华北、黄土高原及长江流域秋播；条播撒播均可。行距30～40厘米，播深2～4厘米，播种量1～2千克/亩；利用3～4年后切断根茎，疏松土壤以恢复植被
苦荬菜	喜温暖湿润气候，耐寒抗热，适宜各种土壤。撒割多次。5000～7500千克/亩	南方2月底至3月播种，北方4月上中旬。条播或穴播。行距25～30厘米，穴播行株距20厘米，覆土2厘米；播种量0.5千克/亩；需肥量大，株高40～50可收割
苋菜	喜温，不耐寒，适应范围广，高产，适口性好；5000～6000千克/亩	南方从3月下旬至8月份都可播种，北方春播为4月中旬至5月上旬，夏播6～7月份；条播和撒播均可，行距30～40厘米，覆土1～2厘米。幼苗期及时中耕除草
牛皮菜	喜湿润、肥沃、排水良好的土壤，耐碱，适应性广，病害少。4000～5000千克/亩	南方8～9月份，北方3月上旬至4月中旬播种；苗床育苗条播或撒播。覆土1～2厘米，苗高20～25厘米移栽；直播条播或点播，行距20～30厘米，覆土2～3厘米，播种量1～1.5千克/亩；经常中耕除草，施肥浇水

无论采集野生青绿饲料或是人工栽培的青绿饲料养鹅，都应注意以下几点：

（1）青绿饲料要现采现喂（包括打浆），不可堆积或用喂剩的青草浆，以防产生亚硝酸盐导致中毒；有毒的和刚喷过农药的菜地、草地或牧草要严禁采集和放牧，以防中毒。

（2）清洗处理。无论是人工牧草还是野生杂草，采集后均要清洗，做到不带泥水、无毒、不带刺、不受污染；采集后要摊开，不可堆捂，以免变质、发黄、发热和亚硝酸盐中毒。带雨水或露水的青草应晾干再喂。牧草一般要切碎饲喂。多汁饲料，如胡萝卜等，应先洗净切成块或刨成丝喂用。

（3）含草酸多的青绿饲料，如菠菜、糖菜叶等不可多喂，以防引起雏鹅佝偻病或瘫痪，母鹅产薄壳蛋和软壳蛋；某些含皂素多的牧草喂量不宜过多，过多的皂素会抑制雏鹅的生长。如有些苜蓿草品种皂素含量高达2%，所以，不宜单纯放牧苜蓿草或以青苜蓿作为唯一的青绿饲料喂鹅，应与禾本科的青草合理搭配进行饲喂。

四、青贮饲料

用新鲜的天然植物性饲料调制成的青贮饲料在鹅的饲料中使用不普遍，但在缺少青绿饲料的冬天可以使用青贮饲料。鹅用青贮饲料的原料有三叶草、苜蓿、玉米秸秆、禾本科杂草及胡萝卜茎叶。青贮时，pH值为4～4.2，粗纤维不超过3%，长度不超过5厘米。一般鹅每天可喂150～200克。

1. 青贮方法

（1）要适时收割原料，并保持新鲜、青绿，随收随贮　适时收割的青贮原料，不仅利于乳酸发酵，易于制成优良青贮料，而且可获得单位面积最高的干物质、营养物质和利用率。黑麦草宜在花蕾期至盛花期收割；全株玉米宜在蜡熟期收割，如有霜害，也可在乳熟期收割。

（2）调节原料水分和糖分含量　青贮原料的水分和糖分含量是决定青贮成败最重要的因素之一，一般青贮原料的适宜含水量为60%～75%（抓一把切碎的青贮原料，在手里攥紧1分钟后松开，若能挤出汁液，含水量必定大于75%；若草球能保持其形状但无汁水，含水量为70%～75%；草球有弹性且慢慢散开，含水量为55%～65%；草球立即散开，含水量为55%左右；若牧草已开始折断，则含水量低于55%），含糖量为1.5%～2%。对于水分含量较高的黑麦草等青贮原料，可适当加入干草、秸秆、糠麸、饼（粕）等或稍加晾晒以使水分含量符合青贮要求。对于含水量较低的青贮原料，可加水或与刚收割的新鲜高水分原料混合青贮，以调节水分含量至符合青贮要求。禾本科植物糖分多，易青贮；豆科牧草含糖分少，不易青贮，应添加一定比例的含糖多的饲料，如玉米粉、番薯丝、糖蜜等，或与含糖量较高的禾本科植物进行混合青贮。

（3）切短原料　切短原料有利于装填、压紧和汁液的渗出，而汁液的渗出有利于乳酸菌的繁殖、发酵。青贮原料切得越短，青贮料品质越好。一般青贮原料切成2～5厘米长，质地粗硬的原料应切得更短，细软原料可稍长些。

(4) 要及时装填与压实　青贮原料在窖外放置过久易发热霉烂，最好一边切碎一边装填。装填最重要的一项是要层层压实，青贮原料装填越紧实，空气排出越彻底，青贮料质量就越好。装填前，窖底可填一层 20 厘米左右厚的切短秸秆或其他干料，以便吸取青贮料流出的汁液。容器四周可铺填塑料薄膜，加强密封，防止漏水透气。装填青贮原料时应逐层填入，每层装 20 厘米左右厚，踩实后继续装填，直至原料高出窖的边沿 1 米左右。装填时应特别注意压实四角与靠墙壁处的原料。

(5) 要严密封埋　青贮原料装填完后，应立即严密封埋。先用塑料薄膜或铺上 20 厘米厚的稻草覆盖封严窖口和四周，再用 30 厘米以上的潮土覆盖、拍实。顶部做成馒头形或屋脊形，并把表面拍光滑，以利排水。修好周边的排水沟，以防雨水渗入。封窖后 3～5 天应注意检查，发现青贮料下沉或覆土出现裂缝时，应立即再用湿土压实封严，以防雨水、空气进入窖内。青饲料贮存在缺氧条件下，有益于乳酸菌大量繁殖，酸度逐渐增加，抑制腐败菌及有害菌生长，这个过程约需 20 天。

2. 注意事项

(1) 加入适量添加物。有条件的在青贮时加入适量蚁酸、甲醛（福尔马林）、尿素等。每吨青饲料加 85％蚁酸 2.85 千克，或加 90％蚁酸 4.53 千克。加蚁酸后，制作的青贮料颜色鲜绿，气味香浓。但含糖量高的如玉米等，应按青贮原料重量的 0.1％～0.6％加入 5％甲醛。每吨青贮玉米若添加 5 千克尿素，可使青贮玉米总蛋白质含量达到 12.5％。

(2) 避免二次发酵。青饲料贮存后，约 30～40 天即可随取随喂。取后加盖，以防止与空气接触而霉烂变质。

(3) 由于青贮料具有酸甜味，初喂时鹅群因不适应可能不喜采食，故刚开始时可以空腹饲喂，或逐渐加大青贮料在饲粮中的比例，使鹅慢慢地适应。

五、粗饲料

粗饲料是指粗纤维含量在 18％以上的饲料，主要包括干草类、蒿秆类、糠壳类、树叶类等。粗饲料来源广泛，成本低廉，但粗纤维含量高，不容易消化，营养价值低。粗饲料容积大，适口性差。经加工处理，养鹅还可利用一部分。尤其是其中的优质干草在粉碎以后，如豆科干草粉，仍是较好的饲料，是鹅冬季粗蛋白质、维生素以及钙的重要来源。由于粗纤维不易消化，因此其含量要适当控制，一般不宜超过10%。干草粉在鹅日粮中的比例控制在20%以内。粗饲料宜粉碎后饲喂，并注意与其他饲料搭配。粗饲料也要防止腐烂发霉、混入杂质。

草粉和树叶粉饲料多是由豆科牧草和豆科树叶制成。它们都含有丰富的粗蛋白质和纤维素，可用作鹅饲料。

（一）苜蓿草粉

苜蓿草粉是在紫花苜蓿盛花期前将其割下来，经晒干或其他方法干燥、粉碎而制成，其营养成分随生长时期的不同而不同（表2-28）。苜蓿草粉，除含有丰富的B族维生素、维生素E、维生素C、维生素K外，每千克草粉中还含有高达50～80毫克的胡萝卜素。用来饲喂家禽可增加其皮肤和蛋黄的颜色。

表2-28　苜蓿干物质中成分变化　　单位：%

成分	现蕾前	现蕾期	盛花期
粗纤维	22.1	26.5	29.4
粗蛋白质	25.3	21.5	18.2
灰分	12.1	9.5	9.8
可消化蛋白质	21.3	17	14.5

（二）叶粉

1. 刺槐叶粉（洋槐叶粉）

刺槐叶粉是采集5～6月份的刺槐叶，经干燥、粉碎制成。刺槐叶的营养成分随产地、季节、调制方式不同而异。一般是鲜嫩叶营养价值最高，其次为青干叶粉，青落叶和枯黄叶的营养价值最差。鲜嫩刺槐叶及叶粉的营养价值见表2-29。

表2-29　刺槐叶的营养成分　　单位：%

类别	干物质	粗蛋白	粗脂肪	粗纤维	灰分	钙	磷
鲜叶	23.7	5.3	0.6	4.1	1.8	0.23	0.04
叶粉	86.8	19.6	2.4	15.2	6.9	0.85	0.17

2. 松针粉

松针粉是将青绿色松树针叶收集起来，经干燥、粉碎而制成的粉状物。松针粉除含有丰富的胡萝卜素、维生素 C、维生素 E、维生素 D、维生素 K 和维生素 B_{12}外，尚含有铁、钴、锰等多种微量元素。

松针粉作为饲料时间尚短，有关营养成分的含量，动物营养学界还没有一个统一的说法。

六、矿物质饲料

矿物质饲料是为了补充植物性和动物性饲料中某种矿物质元素的不足而利用的一类饲料。大部分饲料中都含有一定量矿物质，在散养和低产的情况下，看不出明显的矿物质缺乏症，但在舍饲、笼养、高产的情况下，矿物质需要量增多，必须在饲料中补加。

（一）钙磷饲料

1. 饲料级磷酸氢钙

饲料级磷酸氢钙为工业磷酸与石灰乳或碳酸钙中和生产的饲料级产品。该产品作为饲料工业中钙和磷的补充剂。本品为白色、微黄色、微灰色粉末或颗粒。主成分分子式为 $CaHPO_4 \cdot 2H_2O$。按生产工艺不同分成Ⅰ型、Ⅱ型、Ⅲ型 3 种型号。质量参考标准如表 2-30。

表 2-30　饲料级磷酸氢钙的质量参考标准（GB/T 22549—2008）

项目	Ⅰ型	Ⅱ型	Ⅲ型
总磷(P)含量/%	≥16.6	≥19	≥21
枸溶性磷(P)含量/%	≥14	≥16	≥18
水溶性磷(P)含量/%	—	≥8	≥10
氟(F)含量/%	≤0.18	≤0.18	≤0.18
钙(Ca)含量/%	≥20	≥15	≥14
砷(As)含量/%	≤0.003		
铅(Pb)含量/%	≤0.003		
镉(Cd)含量/%	≤0.001		
粉状通过 0.5 毫米试验筛/%	≥95		
粒状通过 2 毫米试验筛/%	≥90		
外观	白色或略带微黄色粉末或颗粒		

注：用户对细度有特殊要求时，由供需双方协商。

明胶生产企业由动物骨制取明胶时所得到的磷酸氢钙（$CaHPO_4 \cdot 2H_2O$）的质量参考标准见表 2-31。

表 2-31　饲料级磷酸氢钙质量参考标准（骨制，QB/T 2355—2005）

项目	指标
胶原蛋白/%	0.2～1
磷(P)含量/%	≤16
钙(Ca)含量/%	≥21
氟化物(以 F 计)含量/%	≤0.18
砷(As)含量/%	≤0.001
重金属(以 Pb 计)含量/%	≤0.003
外观	白色粉末
细度/%	≥95

2. 饲料级磷酸一二钙

质量参考标准见表 2-32。

表 2-32　饲料级磷酸一二钙质量参考标准

项目	指标
总磷(P)含量/%	≥21
钙(Ca)含量/%	15～20
氟(以 F 计)含量/%	≤0.18
砷(As)含量/%	≤0.003
铅(以 Pb 计)含量/%	≤0.003
外观	白色或灰白色粉末
细度(通过 2 毫米网孔的试验筛)/%	≥95
pH 值(10 克/升溶液)	3.5～4.5

3. 饲料级磷酸二氢钙

磷酸二氢钙也叫磷酸一钙，分子式为 $Ca(H_2PO_4)_2 \cdot H_2O$，含钙量为 15.90%，含磷量为 24.58%。纯品为白色结晶粉末。质量参考标准见表 2-33。

表 2-33 饲料级磷酸二氢钙质量标准

项目	指标
总磷(P)含量/%	≥22
水溶性磷(P)含量	≥20
钙(Ca)含量/%	≥13
氟(以F计)含量/%	≤0.18
砷(以As计)含量/%	≤0.003
铅(以Pb计)含量/%	≤0.003
游离水分含量/%	≤4
外观	白色或灰白色粉末
细度(通过0.5毫米网孔的试验筛)/%	≤90
pH值(2.4克/升溶液)	≥3

4. 碳酸钙

碳酸钙分子式为 $CaCO_3$，含钙量为40%，是一种无臭、无味的白色结晶或粉末。常用的饲料级碳酸钙有两种类型：一种是重质碳酸钙，它是天然的石灰石经过粉碎、研细再筛选而成的，动物对它的利用率不高；另一种是轻质碳酸钙，是将石灰石煅烧，用水消化后再与二氧化碳生成沉淀而制成的，动物对它的利用率较高。由于在生产过程中是一种沉淀物，所以我们也常称其为沉淀碳酸钙。

饲料级轻质碳酸钙国家级标准为：$CaCO_3$ ≥98.0%，Ca≥39.2%，水分≤1.0%，盐酸不溶物≤0.2%，重金属（以Pb计）≤0.003%，砷≤0.0002%，钡≤0.005%。

对碳酸钙的粒度没有规定，这主要是因为禽类为满足夜间形成蛋壳的需要，要求颗粒大一些，而其他动物则要求颗粒小些。

5. 石粉

石粉也称为石灰石、白垩、方解石、白云石等，为天然碳酸钙，来源广、价廉、利用率高。含钙量在33%以上，国标规定了砷、铅、汞、氟、镉等最高限量，用作饲料的原料其重金属不允许超过这个标准。质量要求见表2-34。

表 2-34　石粉、贝壳粉、蛋壳粉的特性及质量要求

名称	特点	指标								备注
		纯度/% >	水分/% <	灰分/% <	钙/% >	镁/% <	铅/(毫克/千克) <	砷/(毫克/千克) <	汞/(毫克/千克) <	
石粉	呈浅灰至灰白色	98.0	1.0	98.0	38.0	0.5	10	10	2	Mg 超标会引起拉稀，40目全通
贝壳粉	呈灰白至灰色，为产蛋鹅的良好钙源	96.5	1.0	98.0	33.0					清洗不净，会造成细菌污染
蛋壳粉	蛋壳干燥粉碎产品，含蛋白12%	98.0	3.0	98.0	24～37					需高温消毒，防止细菌污染

6. 贝壳粉

贝壳粉是丰富的钙补充饲料，其含钙量为 32%～35%，它的质地比较坚硬，在饲料工业中常用不同粒度的贝壳粉喂不同的动物，特别是对产蛋期的禽类，作为沉积蛋壳所需要的钙质。质量要求见表 2-34。

7. 蛋壳粉

蛋壳粉是由蛋壳和蛋壳膜等加热干燥后制成的，其碳酸钙含量为 89%～97%，其中含钙 30%～40%、磷 0.1%～0.4%，碳酸镁为 0.1%～2.0%，磷酸钙和磷酸镁为 0.5%～5%，有机物含量为 2%～5%，是比较廉价的钙质补充饲料原料。质量要求见表 2-34。

8. 骨粉

骨粉可以分为蒸制骨粉、生骨粉、骨炭、骨灰等数种产品。

(1) 蒸制骨粉　蒸制骨粉主要是用动物骨经高压蒸或煮，再除去有机物后经碾碎磨制而成的，其主要成分为磷酸钙。优质的蒸制骨粉一般含钙量为 30%～36%，磷为 11%～16%。

（2）生骨粉　生骨粉是指在加工过程中没有经过高压蒸煮而磨成的骨粉，含有多量的有机物，质地坚硬，不易被动物消化，并且容易腐败，所以不宜用作饲料。

（3）骨炭　骨炭是指在密闭的容器中将骨头炭化，这种产品中含磷 11.5%～14%。

（4）骨灰　骨灰是指将骨在空气中灼烧而成的，其含磷 15.3% 以上，是较好的钙、磷补充料。

（二）钠源饲料

1. 食盐

食盐主要成分为氯化钠。其作用是保证生理平衡，增进食欲，提高适口性。要求水分<0.5%；钙 0.03%；密度 1.12～1.28 千克/升；钠 39%；镁 0.13%；氯 60%；硫 0.20%；纯度 95%；细度 100%全通 30 目（0.600 毫米）的编织筛。防止潮解。

2. 碳酸氢钠

碳酸氢钠俗称小苏打，呈白色结晶。其作用是平衡电解质，减少热应激。要求纯度>99%；氯化物<0.04%；钠 27%～27.4%；重金属<10 毫克/千克；砷<2.8 毫克/千克；密度 0.74～1 千克/升。防止潮解。

3. 硫酸钠

硫酸钠俗称芒硝，呈白色。其作用是补充钠、硫，并且对禽有健胃作用。纯度>99%；重金属<10 毫克/千克；钠>32%；砷<2 毫克/千克；硫>22%；密度 1.16～1.21 千克/升。如带有黄色或绿色，表示杂质含量高，应测定铬含量。

（三）其他矿物质

1. 沸石

沸石是一种含水的硅酸盐矿物，在自然界中多达 40 多种。沸石中含有磷、铁、铜、钠、钾、镁、钙、银、钡等 20 多种矿物质元素，是一种质优价廉的矿物质饲料。其作用是可以降低畜禽舍内有害气体含量，保持舍内干燥。苏联称之为“卫生石”。在配合饲料中用量可占 1%～3%。沸石粉的质量标准见表 2-35。

表 2-35　沸石粉的质量标准

项目	一级	二级
吸氨量/(毫摩尔/100 克)	≥100	≥90
干燥失重/%	≤6	≤10
水溶性磷(P)含量/%	—	≥8
砷(As)含量/%	≤0.002	≤0.002
铅(Pb)含量/%	≤0.002	≤0.002
汞(Hg)含量/%	≤0.0001	≤0.0001
镉(Cd)含量/%	≤0.001	≤0.001
细度(通过孔径为 0.9 毫米的试验筛)/%	≥95	≥95

2. 砂砾

砂砾有助于肌胃中饲料的研磨，起到“牙齿”的作用。鹅吃不到砂砾，饲料消化率要降低 20%～30%。

七、维生素饲料

在鹅的日粮中主要提供各种维生素的饲料叫维生素饲料，包括青菜类、块茎类、青绿多汁饲料和草粉等。常用的有白菜、胡萝卜、野菜类和干草粉（苜蓿草粉、槐叶粉和松针粉）等。在规模化饲养条件下，使用维生素饲料不方便，多利用人工合成的维生素添加剂来代替。

八、饲料添加剂

为了满足鹅的营养需要，完善日粮的全价性，需要在饲料中添加原来含量不足或不含有的营养物质和非营养物质，以提高饲料利用率，促进鹅生长发育，防治某些疾病，减少饲料贮藏期间营养物质的损失或改进产品品质等，这类物质称为饲料添加剂。

饲料添加剂是指为强化基础日粮的营养价值、促进动物生长、保证动物健康、提高动物生产性能，而加入饲料的微量添加物质。它可分为营养性添加剂和非营养性添加剂两大类。

（一）营养性添加剂

营养性添加剂包括微量元素添加剂、维生素添加剂、工业合成的

各种氨基酸添加剂等。

1. 微量元素添加剂

微量元素添加剂一般可分为无机微量元素添加剂、有机微量元素添加剂和生物微量元素添加剂三大类。无机微量元素添加剂一般包括硫酸盐类、碳酸盐类、氧化物和氯化物等；有机微量元素添加剂一般包括金属氨基酸络合物、金属氨基酸螯合物、金属多糖络合物和金属蛋白盐；生物微量元素添加剂包括酵母铁、酵母锌、酵母铜、酵母硒、酵母铬和酵母锰等。目前，我国经常使用的微量元素添加剂主要是无机微量元素添加剂。最好使用硫酸盐作微量元素添加剂原料，因为硫酸盐可使蛋氨酸增效10%左右，而蛋氨酸价格昂贵。微量元素添加剂的载体应选择不和矿物质元素发生化学作用，并且性质较稳定、不易变质的物质，如石粉（或碳酸钙）、白陶土等。

微量元素添加剂品质的优劣和成本的高低，不仅取决于添加剂的配方和加工工艺，还取决于能否使用安全、有害杂质多少和生物利用率的高低。作为饲用微量元素添加剂的原料，必须满足以下几项基本要求：一要具有较高的生物效价，即能被动物消化、吸收和利用；二要含杂质少，所含有毒、有害物质在允许范围内，饲喂安全；三要物理和化学稳定性良好，方便加工、贮藏和使用；四要货源稳定可靠，价格低，以保证生产、供应和降低成本。

(1) 铁添加剂原料　可用作饲料添加剂的含铁原料很多，一般认为硫酸亚铁利用率高而成本低，是主要铁源饲料原料。有机铁能很好地被动物利用，且毒性低，加工性能优于硫酸亚铁，但价格贵。氧化铁几乎不能吸收利用，但在某些预混合饲料产品中用作饲料着色剂。

硫酸亚铁产品主要有一水硫酸亚铁（$FeSO_4 \cdot H_2O$）和七水硫酸亚铁（$FeSO_4 \cdot 7H_2O$）两种。

七水硫酸亚铁为淡绿色结晶或结晶性粉末，不稳定，在加工和贮藏过程中易氧化为不易被动物利用的3价铁。黄、褐色是3价铁的颜色，3价铁含量越高，色越深。游离硫酸含量太高时易与其他养分发生化学反应，使后者失效。七水硫酸亚铁易潮解结块，高温、高湿时更严重，不易粉碎，使用不便，与其他微量元素混合后的预混料也有结块性，加工前必须进行干燥处理，所以一般都限制七水硫酸亚铁在预混料中的用量，使用一水硫酸亚铁可减轻结块但不能完全消除；不过结块并不失效。在预混料中含氧化锰时，不能使用七水硫酸亚铁。我国主要使用七水硫酸亚铁。目前已研制出包被七水硫酸亚铁制剂，其有效性、稳定性好，但价格较高。

一水硫酸亚铁为灰白色粉末，不易吸潮起变化，加工性和与其他成分的配伍性都较好。

（2）铜添加剂原料　可作饲料添加剂的含铜化合物有碳酸铜、氯化铜、氧化铜、硫酸铜、磷酸铜、焦磷酸铜、氢氧化铜、碘化亚铜、葡萄糖酸铜等。其中最常用的为硫酸铜，其次是氧化铜和碳酸铜。一般认为硫酸铜、氧化铜对雏禽增重效果相同。

① 硫酸铜　其生物学效价（BV）最好，来源广，成本低，饲料中应用最广。市售产品有两种：5个结晶水的硫酸铜（$CuSO_4 \cdot 5H_2O$）为蓝色、无味结晶或结晶性粉末；0～1个结晶水的硫酸铜［$CuSO_4 \cdot nH_2O(n=0\sim1)$］为青白色、无味粉末，由5个结晶水的硫酸铜脱水所得。五水硫酸铜易吸湿返潮、结块，但结块并不失效；易溶于水，水溶液呈酸性（pH2.5～4）；对饲料中的有些养分有破坏作用，不易加工，加工前应进行脱水处理。一水硫酸铜克服了五水硫酸铜的缺点。使用时应注意：a. 避免与眼睛、皮肤接触及吸入体内；b. 注意配伍禁忌，铜会促进不稳定脂肪酸的氧化而造成酸败，同时还会破坏维生素。

② 碱式氯化铜　是新铜源添加剂，又名三碱基氯化二铜，商品名佳乐铜，分子式 $Cu_2(OH)_3Cl$，相对分子质量 213.57。墨绿色球状结晶型粉末，极难溶于水和有机溶剂，易溶于氨水和酸。化学性质中性，难溶于水，却能快速在动物消化道内溶解。吸湿性低，化学结构稳定，在饲料中不会分解产生铜离子，不会对饲料中其他养分产生破坏作用，所以避免了硫酸铜吸潮结块的缺点，对饲料加工设备无腐蚀性。促氧化能力低于硫酸铜，所以对饲料中的维生素和脂肪等的破坏作用小于硫酸铜，可延长产品保质期。碱式氯化铜的吸收利用率比硫酸铜高21％～41％，且不影响铁、锌等其他养分的吸收利用。碱式氯化铜球状颗粒的表面光滑，流动性好，易在配合饲料中混匀。据报道，碱式氯化铜有促进生长和提高饲料利用率的作用。所以可少用铜，公害小。长沙兴嘉生物工程有限公司生产的碱式氯化铜质量标准如下：碱式氯化铜含量高于98％，含铜高于58％，酸不溶物小于

0.2%，细度95%通过40目筛。包装：25千克/袋，保质期2年。配合饲料中用量：肉禽15～100克/吨，蛋禽80克/吨。

③ 氧化铜　是无臭黑色至褐色粉末，不具吸水性，不易结块，含铜量在75%左右，生物利用率好，耐贮存；各种动物饲料中均可使用，但不能在液体饲料中使用；操作时应避免与皮肤、眼睛接触，避免吸入。

(3) 锌添加剂原料　可用作饲料添加剂的含锌化合物有：硫酸锌、氧化锌、碳酸锌、氯化锌、醋酸锌、乳酸锌等。其中常用的为硫酸锌、氧化锌和碳酸锌。一般认为，这3种化合物都可很好地被动物利用，生物学效价基本相同。醋酸锌的有效性与七水硫酸锌相同。锌与蛋氨酸、色氨酸的络合物具有很高的有效性，价格合适时可用。实践中使用较多的是硫酸锌和氧化锌。

市售硫酸锌有两种产品，即七水硫酸锌（$ZnSO_4 \cdot 7H_2O$）和一水硫酸锌（$ZnSO_4 \cdot H_2O$）。七水硫酸锌为无色结晶或白色无味的结晶性粉末，加热、脱水即生成一水硫酸锌，为白色、无味粉末。七水硫酸锌易吸湿结块，影响加工及产品质量；而一水硫酸锌因加工过程无需特殊处理，使用方便，更受欢迎。实践中应用时应注意质量，注意品牌，可检查水溶性，溶解度越高表明其纯度越高，且没有氧化锌存在；市售七水硫酸锌含锌22%左右，一水硫酸锌含锌36%左右；本品在干饲料或液态饲料中均可用，不降低生物利用率。

氧化锌是一种不潮解、稳定性很好的白色具恶臭味粉末，不溶于水，但溶于酸。氧化锌的价格低而生物利用率不低，稳定性好，贮存时间长，不结块，不变性，在预混料和配合饲料中对其他活性物质无影响，具有良好的加工特性，所以实践中使用很普遍。氧化锌含锌量在72%左右，使用时应注意其重金属含量，一般质轻且呈蓬松状者品质较差，含铅量也高。

碳酸锌是一种不溶于水、无臭、无味的白色粉末，含锌55%左右，利用率不低，也是动物良好的锌源饲料之一。市场上多为碱式碳酸锌［$xZnCO_3 \cdot yZn(OH)_2 \cdot nH_2O$］，锌含量55%～60%。氧化锌和一水硫酸锌效价较低。

(4) 锰添加剂原料　作为饲料添加剂的含锰化合物有硫酸锰、碳酸锰、氧化锰、氯化锰、磷酸锰、醋酸锰、柠檬酸锰、葡萄糖酸锰等，其中常用的为硫酸锰、氧化锰和碳酸锰，氯化锰因易吸湿使用不多。据研究，有机2价锰生物有效性都比较好，尤其是某些氨基酸络合物，但成本高，未能大量应用。

硫酸锰是白色或带淡红色的粉末，无臭，可溶于水，吸湿性中等，稳定性高。一般含锰量在32%左右，动物利用率较高，是良好的锰源。因难溶于水，所以不能在液体饲料中使用。此外还有含2～7个结晶水的硫酸锰，都能很好地被动物利用。硫酸锰产品随结晶水的减少其锰的利用率降低，但含结晶水越多，越易吸湿、结块，加工不便，且影响饲料中其他成分（如维生素）的稳定性，故一水硫酸锰应用广泛。可根据本品在水中的溶解性高低简单判断品质优劣，溶解性低者为不正常产品；在高温多湿环境中贮存太久会有结块倾向。饲料添加剂预混料中大量使用的是硫酸锰。

市售氧化锰纯度低，生物学效价低，但价格也低。添加于饲料中的氧化锰主要是一氧化锰（MnO），由于烘焙温度不同，可生产不同含量的产品。美国王子公司生产的氧化锰有含锰55%、60%、62%的3种规格，分别为棕色、绿棕色和绿色粉末。氧化锰化学性质稳定，有效成分含量高，价格相对低，许多国家逐渐用氧化锰代替硫酸锰。研究表明，药品级硫酸锰（$MnSO_4 \cdot 2H_2O$）、碳酸锰、氧化锰和高锰酸钾效果相近；而一些天然矿石的氧化锰、碳酸锰类因含较多杂质和其特殊物理化学结构而效果欠佳；以低剂量（每千克日粮10毫克）锰添加于饲料中，锰利用率以硫酸锰和碳酸锰为佳。

碳酸锰是无臭无味、难溶于水的淡褐色直至粉红色的细粉末，一般含锰量在44%左右，动物利用率较高，是良好锰源。因为难溶于水，所以不能在液体饲料中使用。

饲粮中无论添加硫酸锰还是蛋氨酸锰，随饲料中锰水平提高，蛋壳和蛋内容物中锰含量均随之提高。蛋壳中锰含量高于蛋内容物。

饲粮中添加硫酸锰或蛋氨酸锰，当锰添加水平提高到60毫克/千克时，即可显著提高禽胫骨中锰含量。

（5）硒添加剂原料　生产上常用的硒源饲料原料有亚硒酸钠和硒酸钠。硒酸钠为白色结晶粉末，易溶于水。亚硒酸钠为白色至带粉红色的结晶粉末，不易溶于水。硒酸钠和亚硒酸钠都是良好的硒源，但亚硒酸钠利用率高，因不溶于水而性质较稳定，所以实践中使用也较多。

硒酸钠和亚硒酸钠的毒性都很强，在使用时必须掌握好剂量，并且搅拌均匀。

（6）碘添加剂原料　可作为碘源的化合物有：碘化钾、碘化钠、碘酸钾、碘酸钠、碘酸钙、碘化亚铜等。其中碘化钾、碘化钠可被畜禽充分利用，但稳定性差，易分解造成碘的损失；碘酸钙、碘酸钾较稳定，其生物学效价与碘化钾相似，但由于溶解度低，主要用于非液体饲料。饲料中最常用的为碘化钾、碘酸钙。

碘化钾是无臭的白色结晶粉末，有咸味和苦味，易潮解，易溶于水，水溶液的 pH 值为 7～9，含碘 67%左右。动物对碘化钾的利用率较高，其是良好的碘源。碘化钾贮存太久会有结块现象，高温高湿时易潮解，部分碘会形成碘酸盐，所以应避免暴露于日光下；长期暴露于大气中会释出碘而呈黄色，应注意防范；在各种饲料用碘化物中，碘化钾稳定性最差，不与其他金属盐类相容，遇其他金属的盐类时分解出的游离碘对维生素、抗生素、药品等饲料添加剂均构成威胁，所以应尽量少用。

碘酸钙为白色至乳黄色粉状或超细结晶，略具碘味，水溶性低，稳定性高，其产品有无结晶水 [$Ca(IO_3)_2$]、1 个结晶水 [$Ca(IO_3)_2 \cdot H_2O$] 和 6 个结晶水 [$Ca(IO_3)_2 \cdot 6H_2O$] 化合物。作为饲料添加剂的多为含 0～1 个结晶水的产品，含碘 62%～64.2%，基本不吸水，微溶于水，很稳定。其生物学效价与碘化钾相似，故逐渐取代碘化钾广泛添加于非液体饲料中作为碘源。碘酸钙贮存太久或暴露于阳光下会导致流动性不良，应注意防范。由于它稳定性好，利用率也高，所以在生产上使用很广。

（7）钴添加剂原料　生产上常用的钴源饲料原料有硫酸钴和碳酸钴。

市售的硫酸钴有七水硫酸钴和一水硫酸钴两种产品。七水硫酸钴是无味的橘红色透明结晶或砂状结晶，具有中至高度的吸湿性，易溶于水，含钴 21%左右。一水硫酸钴是无味的粉红色至紫色结晶粉末，不易吸水，但易溶于水，含钴21%左右。动物对硫酸钴的利用率较高，是良好的钴源。贮存太久会有结块现象，应注意防范。

碳酸钴是粉红色至紫色结晶粉末，不易吸水，不溶于水，室温下稳定，含钴46%左右。碳酸钴的利用率较高，是良好的钴源，而且耐贮存。

常用无机微量元素化合物的微量元素含量及利用效率见表2-36，同一种原料或同一种微量元素，对于不同种类的动物，其生物学价值是不同的。作为饲料添加剂的微量元素，必须是动物可以吸收和利用的。一般来说，水溶性好的，吸收也好，但是若具有吸湿性，会给添加剂的生产及产品的贮存带来困难。

表2-36　常用无机微量元素化合物的微量元素含量及利用效率

元素	化合物	化学式	微量元素含量/%	家禽的利用率/%
铁	七水硫酸亚铁	$FeSO_4 \cdot 7H_2O$	Fe:20.1	100
	一水硫酸亚铁	$FeSO_4 \cdot H_2O$	Fe:32.9	100
	无水硫酸亚铁	$FeSO_4$	Fe:41.7	100
锌	七水硫酸锌	$ZnSO_4 \cdot 7H_2O$	Zn:22.75	100
	一水硫酸锌	$ZnSO_4 \cdot H_2O$	Zn:36.45	100
	无水碳酸锌	$ZnCO_3$	Zn:52.15	100
	氧化锌	ZnO	Zn:80.3	92
锰	五水硫酸锰	$MnSO_4 \cdot 5H_2O$	Mn:22.8	100
	一水硫酸锰	$MnSO_4 \cdot H_2O$	Mn:32.5	100
	碳酸锰	$MnCO_3$	Mn:47.8	100
	氧化锰	MnO	Mn:77.4	90
铜	五水硫酸铜	$CuSO_4 \cdot 5H_2O$	Cu:25.5	较好
	一水硫酸铜	$CuSO_4 \cdot H_2O$	Cu:35.8	较好
	硫酸铜	$CuSO_4$	Cu:51.4	一般
碘	碘酸钙	$Ca(IO_3)_2$	1:65.10	100
	碘化钾	KI	1:76.45	100
硒	硒酸钠	$NaSeO_4$	Se:44.77	89
	亚硒酸钠	$NaSeO_3$	Se:45.60	100
钴	七水硫酸钴	$CoSO_4 \cdot 7H_2O$	Co:20.48	三者相同
	一水硫酸钴	$CoSO_4 \cdot H_2O$	Co:34.08	
	碳酸钴	$CoCO_3$	Co:49.55	

在日粮配方中除考虑选用适合的微量元素化合物形式外，还要考虑各种微量元素之间的相互关系。进入动物体内的微量元素存在着相互制约、协同或拮抗作用，这种作用可在日粮中、消化道内或代谢过程中发生。因此，必须重视微量元素之间的平衡。常用微量元素的相互关系及适宜比例见表2-37。

表2-37 常用微量元素的相互关系及适宜比例

元素	干扰元素	影响机制	适宜比例
钙	磷	吸收	钙：磷=2：1
镁	钾	吸收	镁：钾=0.15：1
磷	钙	吸收	磷：钙=0.5：1
	铜	排泄	磷：铜=1000：1
	钼	排泄	磷：钼=7000：1
	锌	吸收	磷：锌=100：1
铜	硫	吸收、排泄	铜与硫，有干扰作用
	钼	吸收、排泄	铜：钼≥4：1
	锌	吸收、排泄	铜：锌=0.1：1
钼	硫	吸收、排泄	钼与硫，有干扰作用
锌	钙	吸收	锌：钙≥0.01：1
	铜	吸收	锌：铜=10：1
	镉	细胞结合	锌与镉，有干扰作用

微量元素用量甚微，一般是按配合饲料最终产品的百万分之一（ppm）计量。如果直接向饲料中添加，不但在技术上是困难的，而且很难保证其使用效果。为便于安全使用，确保使用效果，通常都是将微量元素添加剂加入载体中制成各种预混合饲料，再应用于配合饲料中。

在鹅日粮中，适量的微量元素是其营养所必需，但超量则有毒害。这就要求我们在设计配方时，要严格控制用量，不可随意加大某种微量元素供给量，严防中毒事故的发生。锰、铁、锌等元素的安全系数在50倍左右，钴、碘等元素的安全系数也较高，由于计量不准或混合不均匀而发生中毒的可能性不太大。唯有硒、铜的安全系数较小，在计量不准或混合不均匀时极其容易发生中毒，应引起高度注意。

在预混合饲料加工过程中，计量、混合、分装等工序，必须严格控制，加强管理，严防因计量失误、混合不均匀等，造成某种元素的过量而发生中毒。

2. 氨基酸添加剂

众所周知，蛋白质营养的核心是氨基酸，而氨基酸营养的核心是氨基酸的平衡。植物性蛋白质的氨基酸配比，几乎都不太平衡，即使是由不同配比天然饲料构成的全价日粮，是依据氨基酸平衡的原则设计配合，但它们的各种氨基酸含量、各种氨基酸之间的比例仍然是各式各样的。因而，需要氨基酸添加剂来平衡或补充饲料中某些氨基酸的不足，使其他氨基酸得到充分吸收利用。

目前，人工合成的氨基酸有蛋氨酸、赖氨酸、色氨酸、苏氨酸和甘氨酸等，生产中最常用的是蛋氨酸和赖氨酸两种。

(1) 蛋氨酸

① DL-蛋氨酸　蛋氨酸又称甲硫氨酸，分子式为 $C_5H_{11}NO_2S$。蛋氨酸是具有旋光性的化合物，分 L 型和 D 型。L-蛋氨酸容易被动物吸收；D-蛋氨酸可经过酶的转化成为 L 型而被吸收利用，故两种类型的蛋氨酸具有相同的生物活性。市售的 DL-蛋氨酸即为 D 型和 L 型的混合物。

市售日本生产的饲料用 DL-蛋氨酸，为白色至淡黄色的结晶粉末，具有蛋氨酸的特殊臭味，溶解状态时，呈无色或淡黄色溶液。蛋氨酸在饲料中的添加，一般是按配方计算后补差定量供应。

② 羟基蛋氨酸钙（MHA-Ca）　羟基蛋氨酸钙分子式为 $(C_5H_9NO_3S)_2Ca$；相对分子质量为 149.16。羟基蛋氨酸钙虽然没有氨基，但它具有可以转化为蛋氨酸所需的碳架，故具有蛋氨酸的生物学活性。但是，它的生物学活性只相当于蛋氨酸的 70%～80%。

蛋氨酸的检验：

一是感官检查。真蛋氨酸为纯白或微带黄色、有光泽结晶，口尝有甜味；假蛋氨酸为黄色或灰色，闪光结晶极少，有怪味、涩感。

二是灼烧。取瓷质坩埚 1 个加入 1 克蛋氨酸，在电炉上炭化，然后在 550℃马弗炉上灼烧 1 小时，真蛋氨酸残渣在 1.5%以下，假蛋氨酸在98%以上。

三是溶解。取1个250毫升烧杯，加入50毫升蒸馏水，再加入1克蛋氨酸，轻轻搅拌，假蛋氨酸不溶于水，而真蛋氨酸几乎全溶于水。

（2）L-赖氨酸盐酸盐　简称L-赖氨酸，分子式为$C_6H_{14}N_2O_2 \cdot HCl$，相对分子质量182.65。外观为白色粉末状，易溶于水。赖氨酸与蛋氨酸一样也有D型和L型两种，但只有L型有营养作用；D-赖氨酸在动物体内不能直接被利用，也不能转化为有营养作用的L-赖氨酸。因此，作为饲料添加剂只能使用L-赖氨酸。

饲料中添加赖氨酸，一般是以纯L-赖氨酸的质量分数来表示的。而我们常用的是L-赖氨酸盐酸盐，标明的含量为98.5%，扣除盐酸的质量后，L-赖氨酸的含量只有78.84%。因此，在使用时应进行计算。

例如，1000千克配合饲料中需添加L-赖氨酸1200克，那么添加纯度为98.5%的L-赖氨酸盐酸盐的数量应为：$1200 \div 78.84\% = 1522.08$克。

（3）色氨酸　色氨酸也是限制性氨基酸，它是近些年才开始在饲料中使用的。作为饲料添加剂的色氨酸有化学合成的DL-色氨酸和发酵法生产的L-色氨酸。二者均为无色至微黄色晶体，有特异性气味。玉米、肉粉、肉骨粉中色氨酸含量很低。

（4）苏氨酸　目前作为饲料添加剂的主要是发酵生产的L-苏氨酸。此外，部分来自由蛋白质水解物分离的L-苏氨酸。L-苏氨酸为无色至微黄色结晶性粉末，有极弱的特异性气味。

苏氨酸通常是第三、第四限制性氨基酸，在大麦、小麦为主的饲料中，苏氨酸经常缺乏，尤其在低蛋白的大麦（或小麦）-豆饼型日粮中，苏氨酸常是第二限制性氨基酸。故在植物性低蛋白日粮中，添加苏氨酸效果显著，特别是补充了蛋氨酸、赖氨酸的日粮，同时再添加色氨酸、苏氨酸可得到最佳效果。

由于氨基酸添加剂在饲料中添加量较大，一般在日粮中以百分含量计。同时，氨基酸的添加量是以整个日粮内氨基酸平衡为基础的，而饲料原料中的氨基酸含量和利用率相差甚大，所以氨基酸一般不加入添加剂预混料中，而是直接加入配合饲料或浓缩蛋白饲料中。

3. 维生素添加剂

维生素又称维他命，它是维持动物生命活动，促进新陈代谢、生长发育和生产性能所必不可少的营养要素之一。在集约化饲养条件下，若不注意极易造成动物维生素的不足或缺乏。生产中，因严重缺乏某种维生素而引起特征性缺乏症是很少见的，经常遇到的则是因维生素不足引起的非特异性症候群，例如皮肤粗糙、生长缓慢、生产水平下降、抗病力减弱等等。因此，在现代化畜牧业中，使用维生素不仅仅是用来治疗某种维生素缺乏症，而是作为饲料添加剂成分，补充饲料中其含量的不足，来满足动物生长发育和生产性能的需要，增强动物抗病和抗各种应激的能力，提高产品质量和增加产品数量。

现在已经发现的维生素有 23 种，其中有 16 种为家禽所需要。目前，我国常用作饲料添加剂的有 13 种。根据维生素的溶解性，可分为脂溶性维生素（包括维生素 A、维生素 D、维生素 E、维生素 K）和水溶性维生素（包括 B 族维生素、维生素 C 等）两大类。

（1）维生素 A　市售的维生素 A 产品是人工合成的，是维生素 A 酯化后再添加适量抗氧化剂并经过微胶囊包被的产品，其稳定性提高很多。按照酯化时所用有机酸的种类，可分为维生素 A 乙酸酯、维生素 A 棕榈酸酯和维生素 A 丙酸酯。各种产品的生物活性不同，度量其活性的单位是国际单位（IU）。1 个国际单位的维生素 A 的质量相当于 0.300 微克视黄醇，或 0.344 微克维生素 A 乙酸酯，或 0.549 微克维生素 A 棕榈酸酯，或 0.358 微克维生素 A 丙酸酯，或 0.600 微克胡萝卜素。市售的维生素 A 添加剂产品含活性成分的量一般为 50 万单位/克、20 万单位/克、65 万单位/克。维生素 A 乙酸酯微粒为黄色至淡褐色颗粒，易吸潮，遇热、酸及见光后易分解。

维生素 A 为淡褐色或灰黄色颗粒。鉴定方法：取样 0.1 克，用无水乙醇湿润研磨使其溶解，加氯仿 10 毫升，再加三氯化锑的氯仿溶液 0.5 毫升，溶液先显蓝色并立即褪色，才是真品。

（2）维生素 D　维生素 D 有两种：一种为维生素 D_2，即麦角钙化醇；另一种为维生素 D_3，即胆钙化醇。对禽类来说，维生素 D_3 比维生素 D_2 的抗佝偻病效力高 30～100 倍，所以维生素 D_2 只适用于家畜，不适用于家禽。维生素 D 的活性以国际单位（IU）度量，1 国际单位相当于 0.025 微克胆钙化醇。市售的维生素 D_3 是白色粉末，是维生素 D_3 添加抗氧化剂，经明胶、糖和淀粉等包被后的产品，稳定性好。市售的维生素 D_3 添加剂的活性成分含量一般为 50 万单位/克或 20 万单位/克。

(3) 维生素 E　维生素 E 又称生育酚，是一类有活性的化学结构相似的酚类化合物的总称。已知的维生素 E 有 8 种，其中尤以 α-生育酚活性最高，分布最广，最具代表性。维生素 E 是一种细胞内抗氧化剂，具有很强的抗氧化作用。维生素 E 对 pH 值敏感，在中性环境中较稳定。它是一种天然抗氧化剂，极易被氧化而失去活性。市售的商品维生素 E 添加剂多为 DL-α-生育酚乙酸酯，外观为微绿黄色粉末，是 α-生育酚经酯化和包被工艺处理后的产品，比较稳定，商品中维生素 E 含量为 50%或 25%。也有人用国际单位表示维生素 E 活性，1 国际单位相当于 1 毫克 DL-α-生育酚乙酸酯。

维生素 E 粉外观呈白色或淡黄色粉末，鉴定方法：取样品 15 毫克，加无水乙醇 10 毫升使其溶解后，加硝酸 2 毫升，摇匀加热 15 分钟，溶液显橙红色为正品。亚硒酸钠维生素 E 粉外观呈白色或类白色粉末，鉴定方法：取样品 0.5 克，加乙醇 30 滴振摇过滤，过滤液中加硝酸 5 滴，加热变成红色方为正品。

(4) 维生素 K　市售的维生素 K 是维生素 K_3 的衍生物，维生素 K_3 添加剂的活性成分是甲萘醌，主要有 3 种形式：亚硫酸氢钠甲萘醌微胶囊（MSB）含有效成分 50%；亚硫酸氢钠甲萘醌复合物（MSBC）为晶体状粉末，含有效成分 25%，溶于水，比较稳定；亚硫酸二甲嘧啶甲萘醌（MPB）含甲萘醌 50%，比 MSBC 还稳定，外观为白色或黄褐色结晶粉末。

维生素 K_3 外观呈白色或灰黄褐色晶体粉末。鉴定方法：取样品 0.1 克，加水 10 毫升溶解，加碳酸钠溶液 3 毫升有鲜黄色沉淀生成的为正品。

(5) 维生素 B_1　维生素 B_1 添加剂有盐酸硫胺素和硝酸硫胺素两种形式。两者均为白色粉末，易溶于水。硝酸硫胺素比较稳定，所以在炎热地区应使用硝酸硫胺素。商品维生素 B_1 添加剂中一般盐酸硫胺素或硝酸硫胺素含量为 96%～98%，也有稀释为 5%的。

维生素 B_1 外观呈白色结晶或结晶性粉末，稍有臭味，微苦。鉴定方法：取样品 0.1 克，加水少许振摇，过滤，在滤液中加碘试剂 3

滴，有棕色沉淀生成。

(6) 维生素 B_2　维生素 B_2 又叫核黄素，为黄色或橙黄色粉末，稍溶于水，易吸潮，有苦臭味。市售的维生素 B_2 添加剂中核黄素含量有 96%、80%、55%和 50%等多种型号。

维生素 B_2 鉴定方法：取样品 0.5 克，加水少许溶解，提取上清液，加入稀盐酸或氢氧化钠试液 2 滴，上清液中黄色荧光消失。

(7) 泛酸　泛酸是一种不稳定、易吸湿的黏性油质，商品制剂为 D-泛酸钙或 DL-泛酸钙，外观为白色粉末。D-泛酸钙的活性为 100%，DL-泛酸钙的活性为 50%。1 毫克 D-泛酸钙的活性相当于 0.92 毫克泛酸，1 毫克 DL-泛酸钙仅相当于 0.45 毫克泛酸。D-泛酸钙的纯度一般为 98%，也有稀释为 66%或 50%的。

(8) 烟酸和烟酰胺添加剂　两种形式活性相同。烟酸为白色结晶性粉末，微溶于水，稳定性较好；烟酰胺易与维生素 C 生成复合物而结块。市售的烟酸（烟酰胺）添加剂活性成分为 98%～99.5%。

(9) 维生素 B_6　维生素 B_6 即盐酸吡哆醇，是白色结晶。市售的维生素 B_6 添加剂产品活性成分含量为 82.3%。

(10) 生物素　市售生物素添加剂有活性成分含量为 1%和 2%两种类型，由于用量极微，要求颗粒极其微小。

(11) 叶酸　叶酸有黏性，干粉比较稳定，经过预处理后为黄色结晶性粉末，市售的叶酸添加剂有含活性成分 1%、3%、4%等多种型号。

(12) 维生素 B_{12}　维生素 B_{12} 纯品为褐色粉末，水溶性好。市售维生素 B_{12} 添加剂一般含有效成分 1%。也有的产品标记维生素 B_{12}-600、维生素 B_{12}-300、维生素 B_{12}-60 的，分别表示每 0.45 千克产品中含有维生素 B_{12} 600 毫克、300 毫克、60 毫克。

(13) 胆碱　市售胆碱为氯化胆碱，1 毫克氯化胆碱相当于 0.87 毫克胆碱。氯化胆碱的碱性很强，对其他维生素有破坏作用，所以不可与其他维生素直接混合。氯化胆碱添加剂有液体和固体两种形式，固体的一般含胆碱 50%，液体的一般含胆碱 70%。

(14) 维生素 C　维生素 C 又叫抗坏血酸，酸性很强，对其他维生素有影响，在制作复合维生素预混料时，要避免直接混合。市售的维生素 C 添加剂有抗坏血酸钠、抗坏血酸钙、抗坏血酸棕榈酸酯和

包被抗坏血酸等形式，活性成分含量有25%、50%等多种。

（二）非营养性添加剂

非营养性添加剂包括生长促进剂（如抗生素和合成抗菌药物、酶制剂等）、驱虫保健剂（如抗球虫药等）、饲料保存剂（如抗氧化剂）等。虽不是饲料中的固有营养成分，本身也没有营养价值，但具有抑菌、抗病、维持机体健康、提高适口性、促进生长、避免饲料变质和提高饲料报酬的作用。

1. 抗生素饲料添加剂

凡能抑制微生物生长或杀灭微生物，包括微生物代谢产物、动植物体内的代谢产物或用化学合成、半合成法制造的相同或类似的物质，以及这些来源的驱虫物质，都可称为抗生素。

饲用抗生素是在药用抗生素的基础上发展起来的。使用抗生素添加剂可以预防禽的某些细菌性疾病，或可以消除逆境、环境卫生条件差等不良影响。如用金霉素、土霉素作饲料添加剂，还可提高鹅产蛋量。但饲用抗生素的应用也存在一些争议：首先是耐药问题，由于长期使用抗生素会使一些细菌产生耐药性，而这些细菌又可能会把耐药性传递给病原微生物，进而可能会影响人畜疾病的防治；其次是抗生素在畜禽产品中的残留问题，残留有抗生素的肉类等畜禽产品，在食品烹调过程中不能完全使其“钝化”，可能影响人体健康；另外，有些抗生素有致突变、致畸胎和致癌作用。所以，许多国家禁止饲用抗生素。目前，人们正在筛选研制无残留、无毒副作用、无耐药性的专用饲用抗生素或其替代品。

在使用抗生素饲料添加剂时，要注意下列事项：

第一，最好选用动物专用的，能较好吸收和残留少的不产生耐药性的品种。

第二，严格控制使用剂量，保证使用效果，防止不良副作用。

第三，抗生素的作用期限要作具体规定。

第四，严格执行休药期。大多数抗生素消失时间需3～5天，故一般规定在屠宰前7天停止添加。

2. 中草药饲料添加剂

中草药作为饲料添加剂，毒副作用小，不易在产品中残留，且具有多种营养成分和生物活性物质，兼具有营养和防病的双重作用。其天然、多能、营养的特点，可起到增强免疫作用、激素样作用、维生素样作用、抗应激作用、抗微生物作用等，具有广阔的使用前景。

3. 抗球虫保健添加剂

这类添加剂种类很多，但一般毒性较大，只能在疾病爆发时短期内使用，使用时还要认真选择品种、用量和使用期限。常用的抗球虫保健添加剂有莫能菌素、盐霉素、拉沙洛西钠、地克珠利、二硝托胺、氯苯胍、常山酮磺胺喹沙啉、磺胺二甲嘧啶等。主要有两类：一类是驱虫性抗生素；另一类是抗球虫剂。

4. 饲料酶添加剂

酶是动物、植物机体合成、具有特殊功能的蛋白质。酶是促进蛋白质、脂肪、碳水化合物消化的催化剂，并参与体内各种代谢过程的生化反应。在饲料中添加酶制剂，可以提高营养物质的消化率。商品饲料酶添加剂出现于 1975 年，而较广泛地应用则是在 1990 年以后。饲料酶添加剂的优越性在于可最大限度地提高饲料原料的利用率，促进营养素的消化吸收，减少动物体内矿物质的排泄量，从而减轻对环境的污染。

常用的饲料酶添加剂有单一酶制剂和复合酶制剂。单一酶制剂，如 α-淀粉酶、β-葡聚糖酶、脂肪酶、纤维素酶、蛋白酶和植酸酶等；复合酶制剂是由一种或几种单一酶制剂为主体，加上其他单一酶制剂混合而成，或者由一种或几种微生物发酵获得。复合酶制剂可以同时降解饲料中多种需要降解的底物（多种抗营养因子和多种养分），可最大限度地提高饲料的营养价值。国内外饲料酶制剂产品主要是复合酶制剂。如以蛋白酶、淀粉酶为主的饲用复合酶。

酶制剂主要用于补充动物内源酶的不足；以葡聚糖酶为主的饲用复合酶制剂主要用于以大麦、燕麦为主原料的饲料；以纤维素酶、果胶酶为主的饲用复合酶主要作用是破坏植物细胞壁，使细胞中的营养物质释放出来，易于被消化酶作用，促进消化吸收，并能消除饲料中的抗营养因子，降低胃肠道内容物的黏稠度，促进动物的消化吸收；以纤维素酶、蛋白酶、淀粉酶、糖化酶、葡聚糖酶、果胶酶为主的饲用复合酶可以综合以上各酶的共同作用，具有更强的助消化作用。

酶制剂的用量视酶活性的大小而定。所谓酶的活性，是指在一定

条件下1分钟分解有关物质的能力。不同的酶制剂，其活性不同；并且补充酶制剂的效果还与动物的年龄有关。

由于现代化养殖业、饲料工业最缺乏的常量矿物质营养元素是磷，但大豆粕、棉籽粕、菜籽粕和玉米、麸皮等饲料原料中的磷却有70%为植酸磷而不能被鹅利用，白白地随粪便排出体外。这不仅造成资源的浪费，污染环境，并且植酸在动物消化道内以抗营养因子存在而影响钙、镁、钾、铁等阳离子和蛋白质、淀粉、脂肪、维生素的吸收。植酸酶则能将植酸（六磷酸肌醇）水解，释放出可被吸收的有效磷，这不但消除了抗营养因子，增加了有效磷，而且还提高了被削弱的其他营养素的吸收利用率。

5. 微生态制剂

微生态制剂也称有益菌制剂或益生素，是将动物体内的有益微生物经过人工筛选培育，再经过现代生物工程工厂化生产，专门用于动物营养保健的活菌制剂。其内含有十几种甚至几十种畜禽胃肠道有益菌，如加藤菌、EM、益生素等；也有单一菌制剂，如乳酸菌制剂。不过在养殖业中，除一些特殊的需要外，都用多种菌的复合制剂。它除了以饲料添加剂和饮水剂饲用外，还可以用来发酵秸秆、鸡粪制成生物发酵饲料，既提高粗饲料的消化吸收率，又变废为宝，减少污染。微生态制剂进入消化道后，首先建立并恢复其内的优势菌群和微生态平衡，并产生一些消化菌、类抗生素物质和生物活性物质，从而提高饲料的消化吸收率，降低饲料成本；抑制大肠杆菌等有害菌感染，增强机体的抗病力和免疫力，可少用或不用抗菌类药物；明显改善饲养环境，使禽舍内的氨、硫化氢等臭味气体减少70%以上。

6. 酸化剂

酸化剂的作用是增加胃酸，激活消化酶，促进营养物质吸收，降低肠道pH，抑制有害菌感染。目前，国内外应用的酸化剂包括有机酸化剂、无机酸化剂和复合酸化剂三大类。

（1）有机酸化剂　在以往的生产实践中，人们往往偏好有机酸，这主要源于有机酸具有良好的风味，并可直接进入体内三羧酸循环。有机酸化剂主要有柠檬酸、延胡索酸、乳酸、丙酸、苹果酸、山梨酸、甲酸（蚁酸）、乙酸（醋酸）等。不同的有机酸各有其特点，但应用最广泛而且效果较好的是柠檬酸、延胡索酸。

(2) 无机酸化剂　无机酸包括强酸，如盐酸、硫酸；也包括弱酸，如磷酸。其中磷酸具有双重作用：既可作日粮酸化剂又可作为磷源。无机酸和有机酸相比，具有较强的酸性，且成本较低。

(3) 复合酸化剂　复合酸化剂是利用几种特定的有机酸和无机酸复合而成，能迅速降低 pH，保持良好的生物性能及最佳添加成本。最优化的复合体系将是饲料酸化剂发展的一种趋势。

7. 寡聚糖（低聚糖）

寡聚糖是由 2～10 个单糖通过糖苷键连接成直链或支链的小聚合物的总称。其种类很多，如异麦芽糖低聚糖、异麦芽酮糖、大豆低聚糖、低聚半乳糖、低聚果糖等。它们不仅具有低热、稳定、安全、无毒等良好的理化特性，而且由于其分子结构的特殊性，饲喂后不能被人和单胃动物消化道的酶消化利用，也不会被病原菌利用，而直接进入肠道被乳酸菌、双歧杆菌等有益菌分解成单糖，再经糖酵解的途径被利用，促进有益菌增殖和消化道的微生态平衡，对大肠杆菌、沙门氏菌等病原菌产生抑制作用，因此亦被称为化学微生态制剂。但它与微生态制剂的不同点在于，它主要是促进并维持动物体内已建立的正常微生态平衡；而微生态制剂则是外源性的有益菌群，在消化道可重建、恢复有益菌群并维持其微生态平衡。

8. 糖萜素

糖萜素是由糖类（≥30%）、配糖体（≥30%）和有机酸组成的天然生物活性物质，是从山茶属植物种子饼（粕）中提取的三萜皂苷类与糖类的混合物，是一种棕黄色、无灰微细状结晶。它可促进畜禽生长，提高日增重和饲料转化率，增强机体的抗病力和免疫力，并有抗氧化、抗应激作用，降低畜禽产品中锡、铅、汞、砷等有害元素的含量，改善并提高畜禽产品色泽和品质。

9. 饲料保存剂

饲料保存剂包括抗氧化剂和防霉剂两类：

(1) 抗氧化剂　饲料中的某些成分，如鱼粉和肉粉中的脂肪及添加的脂溶性维生素（如维生素 A、维生素 D、维生素 E 等），可因与空气中的氧、饲料中的过氧化物及不饱和脂肪酸等的接触而发生氧化变质或酸败。为了防止这种氧化作用，可加入一定量的抗氧化剂。常用的抗氧化剂见表 2-38。

表 2-38 常用的抗氧化剂

名称	特性	用量用法	注意
乙氧基喹啉（又称乙氧喹，商品名为山道喹）	一种黏滞的黄褐色或褐色、稍有异味的液体。极易溶于丙酮、氯仿等有机溶剂，不溶于水。一旦接触空气或受光线照射，便慢慢氧化而着色，是目前饲料中应用最广泛、效果好而又经济的抗氧化剂	饲用油脂，夏天 500～700 克/吨，冬天 250～500 克/吨；动物副产品，夏天 750 克/吨，冬天 500 克/吨；鱼粉 750～1000 克/吨；苜蓿及其他干草 150～200 克/吨；各种动物配合饲料 62～125 克/吨；维生素预混料 0.25%～5.5%。乙氧基喹啉在最终配合日粮中的总量不得超过 150 克/吨	由于液体乙氧基喹啉黏滞性高，低浓度添加于粉料中很难混匀，一般将其以蛭石、氢化黑云母粉等作为吸附剂制成含量为 10%～70%的乙氧基喹啉干粉剂，可均匀地混入干粉料中，且使用方便
二丁基羟基甲苯（简称 BHT）	白色结晶或结晶性粉末，无味或稍有特殊气味。不溶于水和甘油，易溶于酒精、丙酮和动植物油。对热稳定，与金属离子作用不会着色，是常用的油脂抗氧化剂。可用于长期保存的油脂和含油脂较高的食品及饲料中，以及维生素添加剂中	油脂为 100～200 克/吨，不得超过 200 克/吨；各种动物配合饲料为 150 克/吨	与丁基羟基茴香醚并用有相乘作用，二者总量不得超过油脂的 200 克/吨
丁基羟基茴香醚（简称 BHA）	白色或微黄褐色结晶或结晶性粉末，有特异的酚类刺激性气味。不溶于水，易溶于丙二醇、丙酮、乙醇和猪油、植物油等，对热稳定，是目前广泛使用的油脂抗氧化剂。除抗氧化外，还有较强的抗菌力。250 毫克/千克 BHA 可以完全抑制黄曲霉毒素的产生，200 毫克/千克 BHA 可完全抑制饲料中青霉、黑曲霉等孢子的生长	BHA 可用作食用油脂、饲用油脂、黄油、人造黄油和维生素等的抗氧化剂。与 BHA、柠檬酸、维生素 C 等合用有相乘作用。其添加量，油脂为 100～200 克/吨，不得超过 200 克/吨；饲料添加剂为 250～500 克/吨	

注：由于各种抗氧化剂之间存在“增效作用”，当前的趋势是常将多种抗氧化剂混合使用，同时还要辅助地加入一些表面活性物质等，以提高其效果。

(2) 防霉剂　饲料中常含有大量微生物，在高温、高湿条件下，微生物易于繁殖而使饲料发生霉变。不但影响适口性，而且还可产生毒素（如黄曲霉毒素等），引起动物中毒。因此，在多雨季节，应向日粮中添加防霉剂。常用的防霉剂有丙酸钠、丙酸钙、山梨酸钾和苯甲酸等，见表 2-39。

表 2-39　常用的防霉剂

名称	特性	用法用量
丙酸及其盐类	主要包括丙酸钠、丙酸钙。丙酸为具有强刺激性气味的无色透明液体，对皮肤有刺激性，对容器加工设备有腐蚀性。丙酸主要作为青贮饲料的防腐剂，因其有强烈的臭味，影响饲料的适口性，所以一般不用作配合饲料的防腐剂。丙酸钙、丙酸钠均为白色结晶或颗粒或粉末，无臭或稍有特异气味，溶于水，流动性好，使用方便，对普通钢材没有腐蚀作用，对皮肤也无刺激性，因此逐渐代替丙酸而用于饲料	在饲料中的添加量以丙酸计，一般为 0.3%左右。实际添加量往往视具体情况而定。用法：①直接喷洒或混入饲料中；②液体的丙酸可以蛭石等为载体制成吸附型粉剂，再混入到饲料中去，这种制剂因丙酸的蒸发作用可由吸附剂缓慢释放，作用时间长，效果较前者好；③与其他防霉剂混合使用可扩大抗菌谱，增强作用效果
富马酸和 富马酸二甲酯	富马酸又称延胡索酸，为无色结晶或粉末，具水果酸香味。在饲料工业中，主要用作酸化剂，对饲料有防霉防腐作用。富马酸二甲酯（DMF）为白色结晶或粉末，对微生物有广泛、高效的抑菌和杀菌作用，其特点是抗菌作用不受 pH 的影响，并兼有杀虫活性。DMF 的 pH 适用范围为 3～8	在饲料中的添加量一般为 0.025%～0.08%。可先溶于有机溶剂，如异丙醇、乙醇，再加入少量水及乳化剂使其完全溶解，然后用水稀释，加热除去溶剂，恢复到应稀释的体积，混于饲料中或喷洒于饲料表面；也可用载体制成预混剂
“万保香” （霉敌粉剂）	一种含有天然香味的饲料及谷物防霉剂。其主要成分有：丙酸、丙酸铵及其他丙酸盐（丙酸总量不少于 25.2%），其他还含有乙酸、苯甲酸、山梨酸、富马酸。因有香味，除防霉外，还可增加饲料香味，增进食欲	其添加量为 100～500 克/吨，特殊情况下可添加 1000～2000 克/吨

第三节　鹅饲料原料的加工调制

一、有毒饲料原料的脱毒处理

（一）菜籽饼的脱毒处理

菜籽饼是一种优良的天然植物蛋白源，它的蛋白质含量与氨基酸组成可以与大豆饼相媲美。然而因菜籽饼含有较多的硫代葡萄糖苷和植酸，适口性较差，且能引起鹅中毒，限制了菜籽饼的营养价值和应用范围。菜籽饼经过脱毒，降低毒性后，作为蛋白质原料加入饲料中，可以大大地节约粮食，变废为宝，提高饲养业的经济效益。现介绍几种脱毒方法供参考：

1. 水洗法

水洗法在国外已被广泛采用，所用设备简单，技术简单，易操作，脱毒效果较好。但水洗法费水，且损失了部分水溶性蛋白质。

（1）原理　菜籽饼中的有毒成分溶于水，尤其是在热水中溶解性更好。

（2）脱毒方法　在水泥池或缸底开一小口，装上假底，将菜籽饼置于假底上，加热水或冷水浸泡菜籽饼，反复浸提，然后淋去水，废水可以回收利用。常用连续流动水和淋滴法两种处理方法。

① 连续流动水处理　用凉水连续不断地流入菜籽饼中，不断淋去水，保持 2 小时，过滤，弃滤液，再用两倍水浸泡 3h，弃滤液，脱毒率可达 94%以上。

② 淋滴法处理　在菜籽饼中加等量水，浸泡 4 小时，然后不断加入水，又不断淋去水。淋滴法既省水，又提高了脱毒率。

2. 铁盐法

将菜籽饼粉碎，按饼重的 0.5%～1%称取硫酸亚铁，溶于饼重 1/2 的水中，待硫酸亚铁充分溶解后，将饼拌湿，存放 1 小时。在 106℃下蒸 30 分钟，取出风干。

其原理是：菜籽饼中的硫代葡萄糖苷分解产物在处理时与亚铁离子形成螯合物，不被禽畜吸收，从而达到去毒的目的。

此法处理的菜籽饼作为饲料，不但脱毒完全，也能补充一部分铁盐，对鹅生长有利。这种处理方法简便易行，不受环境、设备条件的影响，且氨基酸与蛋白质损失少，适宜农村饲养专业户和饲养生产厂

家采用。

3. 碱处理法

用1% Na_2CO_3 水拌和菜籽饼或10%干饼的石灰制成石灰乳拌和菜籽饼，湿度控制在50%左右，堆放1小时，然后用100～105℃蒸汽蒸40分钟。

4. 坑埋法

坑埋法简单、成本低，硫苷脱毒率可达到90%～97%以上，噁唑烷硫酮残毒仅60毫克/千克，脱毒率可达99%以上，蛋白质损失率只有1%左右。

（1）原理　利用土壤、饼上自带、空气和水中的多种微生物在缺氧条件下的分解作用，将硫苷分解。饼中有关的酶也复活进行分解，分解产物被土壤缓慢吸附。

（2）方法　在干燥耕地挖宽1.0米，深1.5米，长度依饼的数量而定的土坑。一般每立方米可埋菜籽饼500千克。装坑前，将菜籽饼加等量的水，坑底铺上席子，装满坑后再盖上席子，或草帘上盖0.3米厚的土，埋2个月即可使用。

这种脱毒方法的脱毒率与土壤含水量关系很大，土壤的含水量为5%，脱毒率可达97%以上；土壤含水量为20%时，脱毒率仅70%。

5. 微生物发酵法

用微生物制剂作为发酵脱毒剂，它的主要组成是酵母菌、乳酸菌、醋酸菌、白地霉、黑曲霉等混合微生物浅盘固体培养物，脱毒方法是：将菜籽饼粉碎，加入菜籽饼重0.5%的复合微生物制剂，拌匀，加水调至含量40%，在水泥地板上堆积保湿发酵。8小时后品温38℃左右，翻堆1次，再堆积，保温，控制品温35～38℃。每日翻堆1次，发酵第3天，辛辣味大增，4～5天辛辣味逐渐消失，发酵完毕。太阳下晒至含水量为8%，即为脱毒菜籽。

6. 焙炒法

将粉碎的菜籽饼料置于锅中，文火焙炒半小时左右，同时不断翻动，至散发出扑鼻香味，然后掺入0.5%食盐，力求搅拌均匀，即可饲用。

（二）棉籽饼（粕）的脱毒处理

棉籽饼（粕）中含有对畜禽会产生毒副作用的棉酚，若对棉籽饼（粕）进行脱毒与发酵处理，则可使其成为优良的高蛋白饲料。棉籽饼（粕）的脱毒方法主要如下：

1. 化学处理法

（1）硫酸亚铁法　将配制好的硫酸亚铁饱和溶液直接均匀地喷洒在经粉碎的棉籽饼上，含水量不超过10%，以便饼（粕）安全贮存。此外，还可将已加铁剂的饼（粕）用1%石灰水（比例为1∶1）充分拌匀，置于场地上晒干或烘干后即可。加入石灰水可使脱毒更趋完全。

（2）尿素处理法　尿素加入量为饼（粕）的0.25%～2.5%、加水量10%～50%，加温至85～110℃、经过20～40分钟可使棉籽饼（粕）毒性降低至微毒。

（3）氨处理法　将棉籽饼（粕）和稀氨液（2%～3%）按1∶1比例搅拌均匀后，浸泡25分钟，再将含水原料烘干至含水分10%即可。

（4）碱液处理法　配制2.5% NaOH溶液与棉籽饼（粕）充分混合，其用量与饼（粕）重量比为0.92∶1，pH值控制在10.5。料温达到72～75℃，持续搅拌10～30分钟后，均匀喷洒过氧化氢溶液，其用量与湿饼（粕）重量比为（0.18～0.51）∶1。此时饼（粕）的pH值为7～8.5，保持温度在75～90℃，持续搅拌10～30分钟，最后将料烘干脱水，使饼（粕）含水量降至7%以下，所得料中几乎不含棉酚。

2. 凹凸棒石处理法

凹凸棒石是一种镁铝硅酸盐，含有很多微量和常量元素，除了可以作为一种矿物质添加剂外，还可作棉籽饼（粕）脱毒剂；它与棉籽饼（粕）一同均匀地添加到饲料中，其用量与棉籽饼（粕）用量比例为1∶5。

（三）蓖麻饼的脱毒处理

蓖麻饼中含丰富的蛋白质，粗蛋白质含量为33%～35%。蓖麻蛋白组成中，球蛋白占60%，谷蛋白占20%，清蛋白占16%，不含或含少量动物难以吸收的醇溶蛋白，所以动物可消化吸收绝大多数的蓖麻蛋白。蓖麻饼的赖氨酸含量比豆饼（1.98%）低56.06%，蛋氨酸含量比豆饼（0.45%）高21.05%，如果二者配合使用，可达到氨基酸互补的作用。虽然蓖麻饼营养价值较高，但由于其含有蓖麻毒蛋白、蓖麻碱、CB-1A变应原（蓖麻变应原或过敏素）和血球凝集素4种有毒物质，未经处理不能直接饲喂动物，所以长期以来蓖麻饼被当作肥料施用于农田。蓖麻饼中毒素的含量随制油方法不同而异，冷榨饼中毒素含量最高；机榨饼中蓖麻毒蛋白和血球凝集素已失去活性，但蓖麻碱和变应原受到破坏的很少。

1. 化学法

化学法有酸水解法、碱处理法、酸碱联合水解法、酸醛法、碱醛法、石灰法、氨处理法等。化学法脱毒工艺是：将水、蓖麻饼、化学试剂按比例加入到耐腐蚀并带有搅拌装置的脱毒罐中，开启搅拌，按照所需温度、压力，通（或不通）蒸汽，维持一定时间即可出料进行离心分离（或压榨分离），使蓖麻饼中水分低于9%。化学脱毒法处理方法和效果见表2-40。

表2-40　蓖麻饼化学脱毒法

方法	处理	脱毒效果
盐水浸泡	盐水浓度为10%，蓖麻饼与水的比例为1∶6，在室温下浸泡8小时，过滤后用水冲洗一次	蓖麻碱、变应原的去除率分别为89.15%、78.80%
盐酸溶液浸泡	盐酸浓度为3%，蓖麻饼与水的比例为1∶3，在室温下浸泡3小时，过滤后用水冲洗2次	蓖麻碱、变应原的去除率分别为80.66%、98.22%
酸醛法	用3%盐酸溶液加8%甲醛溶液浸泡蓖麻饼，蓖麻饼与水的比例为1∶3，室温下浸泡3小时，过滤后用水冲洗3次	蓖麻碱、变应原的去除率分别为85.78%、98.89%；用0.9%盐酸和3%甲醛共同处理蓖麻饼，变应原被全部去除
碳酸钠溶液浸泡	碳酸钠溶液浓度为10%，蓖麻饼与水的比例为1∶3，在室温下浸泡3小时，过滤后用水冲洗2次	蓖麻碱、变应原的去除率分别为83.56%、75.06%
石灰法	蓖麻饼中加3倍水，加4%石灰，100℃蒸15分钟，烘干	蓖麻碱、变应原的去除率分别为71.38%、100%
氢氧化钠法	蓖麻饼中水分含量为20%，加20%氢氧化钠，在0.14兆帕压力下湿煮，过滤	蓖麻碱、变应原的去除率分别为100%、100%
氨处理法	蓖麻饼300克加6摩尔/升氢氧化氨73毫升搅拌，80℃反应45分钟，在80℃下烘1小时	蓖麻碱、变应原的去除率分别为65.52%、50.97%

2. 物理法

物理法脱毒工艺是通过加热、加压（或不加压）、水洗等过程，将蓖麻饼中的毒素从饼中转移到水溶液中去，然后通过分离、洗涤等过程将蓖麻饼洗净，见表 2-41。

表 2-41　蓖麻饼物理脱毒法

方法	处理	脱毒效果
沸水洗涤法	将蓖麻饼用100℃沸水洗涤2次	蓖麻碱、变应原的去除率分别为79.31%、68.71%
蒸汽处理	通入120～125℃蒸汽处理蓖麻饼45分钟	蓖麻碱、变应原的去除率分别为65.52%、96.87%
常压蒸煮	蓖麻饼加水拌湿，常压蒸1小时，沸水洗2次	蓖麻碱、变应原的去除率分别为86.90%、93.87%
加压蒸煮	蓖麻饼加水拌湿，通入120～125℃蒸汽处理45分钟，80℃水洗2次	蓖麻碱、变应原的去除率分别为82.76%、98.45%
热喷法	蓖麻饼加水拌湿，在压力罐中经0.2兆帕蒸汽，120～125℃处理0.5小时、1小时、5小时，然后喷放	蓖麻碱的去除率分别为32.69%、88.78%、90.03%，变应原去除率分别为48.31%、70.91%、73.06%

3. 微生物发酵法

见菜籽饼。

（四）霉变饲料脱毒处理

霉变饲料含有有毒的霉菌毒素，如黄曲霉毒素、麦角毒素、玉米赤霉烯酮等。

黄曲霉毒素是对畜禽生产危害最严重的毒素。黄曲霉毒素致突变性强，是一种毒性极强的肝毒素，畜禽食入被黄曲霉毒素污染的饲料，会使肝功能下降，造成胆汁分泌减少，同时胰脏分泌的蛋白酶和脂肪酶活性降低，影响饲料中蛋白质和脂肪的吸收利用；它也是较强的凝血因子抑制剂，可造成组织器官淤血、出血；还可造成免疫系统正常功能的发挥受到干扰，使机体抵抗力下降，疫苗不能正常发挥作用，易发生或继发多种疫病，甚至死亡，给畜牧业带来严重的经济损失。同时，黄曲霉毒素还可以转移到动物产品中，在动物内脏、肉、蛋、奶中都有残留，通过食物链，对人体健康也同样造成极大的危害和严重威胁。霉变饲料必须经过脱毒处理后才能使用。处理方法如下：

1. 挑选法

对局部或少量霉烂变质的饲料进行人工挑选，挑选出来的变质饲料要作抛弃处理。

2. 水洗去毒法

将轻度发霉的饲料粉（如果是饼状饲料，应先粉碎）放在缸里，加入清水（最好是井水），水要能淹没发霉饲料，泡开饲料后用木棒搅拌，每搅拌一次需换水一次，如此反复清洗5～6次，便可用来喂养动物。或将发霉饲料放在锅里，加水煮30分钟或蒸1天后，去掉水分，再作饲料用。

3. 碳酸钠溶液浸泡

用5%碳酸钠溶液浸泡2～4小时后再进行干燥。

4. 化学去毒法

采用次氯酸、次氯酸钠、过氧化氢、氨、氢氧化钠等化学制剂，对已发生霉变的饲料进行处理，可将大部分黄曲霉毒素去除掉。

5. 药物去毒法

将发霉饲料粉用0.1%高锰酸钾溶液浸泡10分钟，然后用清水冲洗两次，或在发霉饲料粉中加入1%的硫酸亚铁粉末，充分拌匀，在95～100℃条件下蒸煮30分钟即可。

6. 维生素C去毒法

维生素C可阻断黄曲霉毒素的氧化作用，从而阻止其氧化为活性形式的毒性物质。在饲料中添加一定量的维生素C，再加上适量的氨基酸，是避免动物黄曲霉毒素中毒的有效方法。

7. 吸附去毒法

使用霉菌毒素吸附剂可有效去除霉变饲料中的毒素。它是通过霉菌毒素吸附剂在畜禽和水生动物体内发挥吸附毒素的功效，以达到脱毒的目的，是常用、简便、安全、有效的脱毒方法。应用中要选用既具有广谱吸附能力又不吸附营养成分，且对动物无负面影响的吸附

剂，较好的吸附剂有百安明、霉可脱、霉消安-1、抗敌霉、霉可吸等。

凡经去毒处理的饲料，不宜再久贮，应尽快在短时期内投喂。

二、精饲料的加工调制

（一）粉碎

饼类及较大的谷粒和籽实，如小麦、大麦、玉米和稻谷等，有坚硬的外壳和表皮，整粒喂给不容易被消化吸收，因此，必须粉碎或磨细，但也不能粉碎得太细，磨成小碎粒即可。

（二）浸泡

较坚硬的谷粒和籽实，如小麦、小米、稻谷等饲料，经浸泡后体积增大、柔软，适口性好，鹅喜欢采食，也容易消化。但要注意浸泡的时间，以泡软为限，时间太长，会引起饲料变质。

（三）蒸煮

谷粒和籽实及块根、瓜类，如玉米、小麦、大麦、甘薯、胡萝卜、南瓜等，经过蒸煮后可以增加适口性和提高消化率。但是，这些饲料经过蒸煮后，会破坏饲料中的一些营养成分，因此，最好用粉碎和切碎的方法，而不用蒸煮。而有些饲料必须经过蒸煮才可喂给，如棉籽饼、菜籽饼含有毒素，经过热处理后，可降低其毒性；生的小杂鱼及其下脚料，未经煮熟时，含有硫胺素酶，能破坏维生素 B_1，经加热后，可破坏硫胺素酶，从而提高饲料的营养价值。

（四）拌湿

经粉碎后的干粉料喂鹅，适口性差，饲料浪费大。所以，粉料都必须加水拌湿饲喂。拌的料不要太湿或太干，一般以拌成疏松、用手一抓可以捏成团、放开后又能疏松地散开为好。湿料也要现拌现喂，否则会腐败变质。

（五）制粒

用粉料直接饲喂时，一般要浪费15%～30%。我国传统饲养法，即将饲料制成“糠团”喂给，既提高适口性，又不浪费。现在可用颗粒饲料机制成颗粒，方法一般是将混合粉料用蒸汽处理，经钢筛孔挤压出来后，再经冷却、烘干制成。这种饲料的营养价值全面，适口性好，便于采食，浪费少，国际上均采用颗粒饲料喂给。目前，我国已

逐步采用颗粒饲料机生产颗粒饲料，应用于饲养业。

三、干草粉的加工与调制

以调制的干草粉碎做成草粉，是我国当前生产干草粉的主要途径。干草加工成草粉，一方面更有利于贮存和运输，更重要的是草粉可以作为一种饲料原料直接用于畜禽全价配合饲料的生产。营养利用方面，优质的草粉含有丰富的蛋白质、维生素、矿物质成分，其消化利用率比干草更高，添加草粉的畜禽配合饲料对于提高动物的免疫力、增强机体抗病力、维持和提高种畜禽良好的繁殖性能，都具有非常重要的作用。由于草粉制作的原料和工艺不同，其营养价值差别也较大，在畜禽的配合饲料中应用的比例也不尽相同。一般以优质的豆科和禾本科牧草为原料以人工干燥的方法制得的草粉质量较好，如果在生产中只选取豆科牧草的上部细嫩部分加工得到草粉蛋白，维生素含量高且粗纤维含量低，这种草粉在畜禽饲料中都可以大量使用。当前国际商品草粉中95%都是苜蓿草粉，这种草粉具有营养丰富、消化利用率高等优点。

（一）牧草的收割和干燥

干草是指天然或人工种植的牧草或饲料作物进行适时收割，经过自然或人工干燥，使之失水达到稳定保存的状态，所得的产品称为干草。优质的干草保持青绿的颜色，含水在18%以下，含有丰富的畜禽生长所必需的各种营养素。优质干草含有家畜所必需的营养物质，是磷、钙、维生素的重要来源。干草中含粗蛋白质10%～17%，可消化碳水化合物40%～60%。优质干草所含的蛋白质高于禾谷类籽实饲料。

1. 不同牧草的收割时期

(1) 禾本科牧草适宜的刈割期　禾本科牧草在拔节至抽穗以前，叶多茎少，纤维素含量较低，质地柔软，蛋白质含量较高，但到后期茎叶比显著增大，蛋白质含量减小，纤维素含量增加，消化率降低。对多年生禾本科牧草而言，总的趋势是粗蛋白质、粗灰分的含量在抽穗前期较高，开花期开始下降，成熟期最低；而粗纤维的含量，从抽穗至成熟期逐渐增加。从产草量上看，一般产量高峰出现在抽穗期至开花期，也就是说禾本科牧草在开花期内产量最高，而在孕穗抽穗期

饲料价值最高。根据多年生禾本科牧草的营养动态，同时兼顾产量、再生性以及翌年的生产力等因素，大多数多年生禾本科牧草在用于调制干草或青贮时，应在抽穗-开花期刈割。秋季在停止生产前30天刈割。一年生禾本科牧草则依当年的营养和产量来决定，一般多在抽穗期刈割。

（2）豆科牧草适宜的刈割期　豆科牧草富含蛋白质、维生素和矿物质，与禾本科牧草一样，豆科牧草也随着生物期的延长，粗蛋白质、胡萝卜素和必需氨基酸含量逐渐减少，粗纤维素显著增加。豆科牧草不同生育期的营养成分变化比禾本科牧草更为明显。例如，与孕蕾期刈割相比，开花期刈割的牧草中粗蛋白质减少1/3～1/2，胡萝卜素减少1/2～5/6。豆科牧草生长发育过程中，所含必需氨基酸从孕蕾始期至盛花期几乎无变化，而后逐渐降低，衰老后，赖氨酸、蛋氨酸、精氨酸和色氨酸等减少1/3～1/2。豆科牧草叶片中的蛋白质含量较茎为多，占整个植株蛋白质含量的60%～80%，因此，叶片的含量直接影响到豆科牧草的营养价值。豆科牧草的茎叶比随生育期而变化，在现蕾期叶片重量要比茎秆重量大，而至终花期则相反。因此，收获越晚，叶片损失越多，品质就越差，故而避免叶量损失也就成了晒制干草过程中需注意的头等问题。豆科牧草进入成熟期后，茎变得坚硬，木质化程度高，而且胶质含量高，不易干燥，但叶片薄而干得快，造成严重落叶现象。因此，豆科牧草不应过晚刈割。

早春收割幼嫩的豆科牧草对其生长是有害的，会大幅度降低当年的产草量，并降低翌年的返青率。这是由于根中碳水化合物含量低，同时根冠和根部在越冬过程中受损伤且不能得到很好的恢复所造成的。另外，北方地区豆科牧草最后一次的收割需在早霜来临前1个月进行，以保证越冬前其根部能积累足够的养分，确保安全越冬和翌年返青。综上所述，从豆科牧草产量、营养价值和有利于再生等情况综合考虑，豆科牧草的最适收割期应为现蕾盛期至始花期。

多年生豆科牧草如苜蓿、沙打旺、草木樨等以现蕾至初花期为最适刈割期，此时的总产量达到最高，对下茬生长无大影响。但个别牧草刈割期由于品种、气候及生产目的不同略有差异。如以收获维生素为主的牧草可适当早收。

其他科牧草也应根据该种牧草的营养状况、产量因素以及对下一茬的影响来决定刈割时期，如菊科的串叶松香草、菊芋等以初花期为宜，而藜科的优地肤、驼绒藜以花期至结实期为宜。

2. 牧草干燥的方法

牧草干燥方法有自然干燥法和人工干燥法。

(1) 自然干燥法

① 地面干燥法　是目前生产中采用最广泛、最简单的方法。干草的营养物质变化及其损失在这种方法中最易发生。干草调制过程中的主要任务就是在最短的时间内达到干燥状态，采用地面干燥法干燥牧草的具体过程和时间随地区气候条件的不同也不完全一致。

牧草在刈割以后，先就地干燥 6～7 小时，应尽量摊晒均匀，并及时进行翻晒通风 1～2 次或多次，使牧草充分暴露在干燥的空气中，一般早晨割倒的牧草在 11 时左右翻晒最佳，如果再次翻晒以 13～14 时效果好，其后的翻晒效果不佳。含水 40%～50%（茎开始凋萎，叶子还柔软，不易脱落）时用搂草机搂成松散的草垄，使牧草在草垄上继续干燥 4～5 小时（叶子开始脱落以前），然后用集草器集成草堆，再经过 1～2 天干燥就可调制成干草。这种方法干燥速度快，可减少因植物细胞呼吸造成的养分损失，同时，后期接触阳光暴晒面积小，能更好地保存青草中的胡萝卜素，在堆内干燥，可适当发酵，形成一些酯类物质，使干草具有特殊的香味。

② 草架干燥法　在多雨地区用地面干燥法调制干草不易成功，可以在专门制造的干草架上进行干草调制。这种方法有利通风，所以干燥速度相应加快，调制出的干草营养价值损失较小。草架可以随时搭建在田间，简单易行，适于农村单户或小规模牧草调制。据报道，田间地面晒制干草可消化粗蛋白的损失在 20%～50%，而架上晒制的损失只有 15%～20%。草架主要有独木架、铁丝长架和棚架等。

用干草架进行牧草干燥时，首先把割下的牧草在地面干燥半天或 1 天，使其含水量降至 45～50%，然后再用草叉将草上架。但遇雨时不用干燥可立即上架，堆放牧草时应自下而上逐层堆放，草的顶端朝里，同时应注意最低的一层应高出地面，不与地表接触，这样有利于通风，也避免与地表接触吸潮。在堆放完毕后应将草架两侧牧草整理平顺，这样遇雨时雨水可沿其侧面流至地表，减少雨水

浸入草内。

③ 发酵干燥法　在山区和林区由于割草季节天气多雨，不能按照地面干燥法调制优良干草，则可采用发酵干燥法调制成棕色干草。其调制方法是，在晴天刈割牧草，用1～1.5天的时间使牧草在原地暴晒和经过翻转在草垄上干燥，使新鲜的牧草凋萎。当水分减少到50%时，再堆成3～6米高的草堆，堆堆时应好好踩踏，力求紧实，使凋萎牧草在草堆上发酵6～8周，同时产生高热，以不超过60～70℃为宜。由于堆放牧草水分受热风蒸发，逐渐干燥成棕色干草。

(2) 人工干燥法　人工干燥法有常温鼓风干燥法和高温快速干燥法。

① 常温鼓风干燥法　为了保存牧草的叶片、嫩枝并减少干燥后期阳光暴晒对胡萝卜素的破坏，搂草、集草和打捆作业，宜在禾本科牧草含水量为35%～40%、豆科牧草含水量为40%～50%时进行。

牧草的干燥可以在室外露天堆贮场，也可以在干草棚中，棚内设有电风扇、吹风机、送风器和各种通风道，也可以在草垛上的一角安装吹风机、送风器，在垛内设通风道，用借助送风的办法对刈割后在地面预干到含水量50%的牧草进行不加温干燥。这种方法宜在牧草收获时期，白天、早晨和晚间的空气相对湿度低于75%，温度高于15℃时进行。

在干草棚中干燥是分层进行的，第一层草先堆1.5～2米高，经过3～4天干燥后，再堆上高1.5～2米的第二层草，如果条件允许，可继续堆第三层草，但总高度不超过4.5～5米。如果牧草的水分为40%左右，空气相对湿度为85%～90%，空气温度只有15℃，第一天当牧草水分超过40%时，就应该昼夜鼓风干燥。

当无雨时，人工干燥工作即应停止，但在持续不良的天气条件下，牧草可能发热，此时鼓风降温应继续进行。无论天气如何，每6～8小时鼓风降温1小时，草堆的温度不可超过40～42℃。

② 高温快速干燥法　将切碎的牧草置于烘干机中，通过高温空气使牧草迅速干燥。干燥时间的长短取决于烘干机的种类、型号及工作状态，从几小时至几十分钟甚至几秒钟，使牧草的含水量由80%左右迅速下降到15%以下。这种方法干燥的牧草营养损失很

小，一般营养损失不超过10%，但需要一定的设备投资和配套工艺技术。

（二）干草的粉碎

将牧草干燥后进行粉碎加工。

第三章　鹅的营养需要与饲养标准

第一节　鹅需要的营养物质

鹅的生存、生长和繁衍后代等生命活动，离不开营养物质。营养物质必须从外界摄取。饲料中凡能被鹅用来维持生命、生产禽类产品、繁衍后代的物质，均称为营养物质，简称为营养素。饲料中含有各种各样的营养素，不同的营养素具有不同的营养作用。不同类型、不同阶段、不同生产水平的家禽对营养素的需求也是不同的。

一、蛋白质

（一）蛋白质的组成

蛋白质主要是由碳、氢、氧、氮四种元素组成。此外，有的蛋白质尚含有硫、磷、铁、铜和碘等。动物体内所含的氮元素，绝大部分存在于蛋白质中，不同蛋白质的含氮量虽有所差异，但皆接近于16%。

（二）蛋白质的营养作用

蛋白质在鹅体内具有重要的营养作用，占有特殊的地位，不能用其他营养物质所替代，必须不断通过饲料供给。其作用主要有：

（1）蛋白质是构成体组织、细胞的基本原料。家禽的肌肉、神经、内脏器官、血液等，均以蛋白质为基本成分，尤其处于生长期、产蛋期的家禽更为突出。

（2）蛋白质是组成家禽体内许多活性物质的原料。蛋白质是组成生命活动所必需的各种酶、激素、抗体以及其他许多生命活性物质的原料。机体只有借助于这些物质，才能调节体内的新陈代谢并维持其正常的生理机能。

（3）蛋白质是构成各种家禽产品（如肉、蛋等）的重要原料。

(4) 蛋白质在体内也可以分解供能（每克约 16.74 千焦），或转变为糖和脂肪等。

由于蛋白质具有上述营养作用，所以日粮中缺乏蛋白质，不但影响家禽的健康、生长和生殖，而且会降低家禽的生产力和禽产品的品质，如体重减轻、生长停止、产蛋量及生长率降低等。但日粮中蛋白质也不应过多，如超过了家禽的需要，对家禽同样有不利影响，不仅会造成浪费，而且长期饲喂将引起机体代谢紊乱以及蛋白质中毒，从而使得肝脏和肾脏由于负担过重而遭受损伤。因此，根据家禽的不同生理状态及生产力制定蛋白质水平合理的饲粮，是保证家禽健康、提高饲料利用率、降低生产成本、提高家禽生产力的重要环节。

(三) 蛋白质中的氨基酸

蛋白质是由氨基酸组成的，蛋白质营养实质上是氨基酸营养。其营养价值不仅取决于所含氨基酸的数量，而且取决于氨基酸的种类及其相互间的平衡关系。组成蛋白质的各种氨基酸，虽然对动物来说都是不可缺少的，但它们并非全部需要直接由饲料提供。

1. 氨基酸的种类

氨基酸在营养上分为必需氨基酸和非必需氨基酸。

(1) 必需氨基酸　必需氨基酸是指畜禽体内不能合成或合成数量满足不了需要，必须由饲料供应的氨基酸。畜禽所处发育时期不同，其需要氨基酸的种类与数量也不同。家禽的必需氨基酸种类见表3-1。

表 3-1　家禽的必需氨基酸种类

家禽种类	必需氨基酸种类
成年禽	赖氨酸、蛋氨酸、色氨酸、苯丙氨酸、亮氨酸、异亮氨酸、缬氨酸和苏氨酸
生长期	赖氨酸、蛋氨酸、色氨酸、苯丙氨酸、亮氨酸、异亮氨酸、缬氨酸、苏氨酸、组氨酸与精氨酸
雏禽	赖氨酸、蛋氨酸、色氨酸、苯丙氨酸、亮氨酸、异亮氨酸、缬氨酸、苏氨酸、组氨酸、精氨酸、甘氨酸、胱氨酸与酪氨酸

鹅的必需氨基酸中，一般把苏氨酸、色氨酸、赖氨酸、蛋氨酸与胱氨酸称为限制性氨基酸。因体内利用其他各种氨基酸合成体蛋白

时，都要受它们的限制和制约。如果日粮中缺少了它们中的任何一种，则会降低饲料蛋白质氨基酸的有效利用率。

在饲料中，某种或某几种必需氨基酸的含量低于动物的需要量，而且由于它们的不足限制了动物对其他必需和非必需氨基酸利用的氨基酸，称为限制性氨基酸。通常将饲料中最易缺乏的氨基酸称为第一限制性氨基酸；其余相对缺乏的必需氨基酸，依次称为第二、第三、第四、第五……限制性氨基酸。全面分析饲料中各种必需氨基酸的含量，然后与家禽营养需要量进行对比，即可得出何种氨基酸是限制性氨基酸的结论。在由一般谷物与油饼类配合的饲料中，蛋氨酸和赖氨酸常达不到营养标准。因此，蛋氨酸被称为鹅的第一限制性氨基酸；赖氨酸被称为鹅的第二限制性氨基酸。所以，有人把蛋氨酸、赖氨酸又叫做蛋白质饲料的营养强化剂。鱼粉之所以营养价值高，就是因为其中的蛋氨酸、赖氨酸含量高。我国常用的植物蛋白饲料，如能添加适量的蛋氨酸及赖氨酸，则可大为提高蛋白质的营养价值。

(2) 非必需氨基酸　非必需氨基酸是指在畜禽体内合成较多或需要较少，不需由饲料来供给，也能保证畜禽正常生长的氨基酸，即必需氨基酸以外的均为非必需氨基酸。例如，丝氨酸、谷氨酸、丙氨酸、天冬氨酸、脯氨酸和瓜氨酸等。畜禽可以利用由饲料供给的含氮物在体内合成这类氨基酸，或用其他氨基酸转化。

此外，根据近年来对畜禽体内氨基酸的转化代替、生化机制的研究，提出了准必需氨基酸的概念，即把在一定条件下成为必需的氨基酸叫做准必需氨基酸。试验证明：丝氨酸数量充足时，甘氨酸则可在体内充分合成，而在甘氨酸不足的情况下，丝氨酸便成了必需氨基酸；而酪氨酸又可由苯丙氨酸在体内合成。因此，可把甘氨酸、丝氨酸、酪氨酸叫做准必需氨基酸。

2. 动植物饲料中的氨基酸

动植物饲料由于种类的不同，所含氨基酸在数量和种类上均有显著差别。一般来说，动物性蛋白质所含的必需氨基酸全面且比例适当，因而品质较好；谷类及其他植物性蛋白质所含的必需氨基酸不全面，量也较少，因而品质较差。如果饲粮中缺少某一种或几种必需氨基酸，特别是赖氨酸、蛋氨酸及色氨酸，则可造成生长停滞，体重下降，而且还能影响到整个日粮的消化和利用效果；玉米蛋白中赖氨酸和色氨酸的含量很低，营养价值较差。近年来美国科学家发现了改变玉米蛋白质量和影响玉米蛋白中氨基酸含量的两个突变基因，从而育成了蛋白质含量高达25%、赖氨酸0.45%（占种子干重）的玉米新品种，这为开辟蛋白质饲料来源创造了条件。蛋白质的全价性不仅表现在必需氨基酸的种类齐全，且其含量的比例也要恰当，也就是氨基酸在饲料中必须保持平衡性，这样才能充分发挥其营养作用。

3. 氨基酸的互补作用

畜禽体蛋白的合成和增长、旧组织的修补和恢复、酶类和激素的分泌等均需要有各种各样的氨基酸，但饲料蛋白质中的必需氨基酸，由于饲料种类的不同，其含量有很大差异。例如，谷类蛋白质含赖氨酸较少，而含色氨酸则较多；有些豆类蛋白质含赖氨酸较多，而色氨酸含量又较少。如果在配合饲料时，把这两种饲料混合应用，即可取长补短，提高其营养价值。这种作用就叫做氨基酸的互补作用。

根据氨基酸在饲粮中存在的互补作用，则可在实际饲养中有目的地选择适当的饲料，进行合理搭配，使饲料中的氨基酸能起到互补作用，以改善蛋白质的营养价值，提高其利用率。

4. 氨基酸的平衡

所谓氨基酸的平衡，是指日粮中各种必需氨基酸的含量和相互间的比例与动物体维持正常生长、繁殖的需要量相符合。只有在日粮中氨基酸保持平衡的条件下，氨基酸方能有效地被利用。任何一种氨基酸的不平衡都会导致动物体内蛋白质的消耗增加，生产性能降低。这是因为合理的氨基酸营养，不仅要求日粮中必需氨基酸的种类齐全和含量丰富，而且要求各种必需氨基酸相互间的比例也要适当，即与动物体的需要相符合。如果在日粮中过多地添加第二限制性氨基酸，此时会因氨基酸的平衡失调而导致动物的采食量减少、生长发育缓慢及繁殖力降低等。在日粮中氨基酸不平衡的条件下，动物体蛋白质的合成将受到限制，从而降低动物的生产性能。例如，赖氨酸过剩而精氨酸不足的日粮，会严重影响雏禽的生长。

5. 影响饲料蛋白质营养作用的因素

影响蛋白质营养作用的因素很多，主要有：

（1）日粮中蛋白质水平　日粮中蛋白质水平即蛋白质在日粮中占有的数量，过多或缺乏均会造成危害，这里着重从蛋白质的利用率方面加以说明。蛋白质数量过多不仅不能增加体内氮的沉积，反而会使尿中分解不完全的含氮物数量增多，从而导致蛋白质利用率下降，造成饲料浪费；反之，日粮中蛋白质含量过低，也会影响日粮的消化率，造成机体代谢失调，严重影响畜禽生产力的发挥。因此，只有维持合理的蛋白质水平，才能提高蛋白质利用率。

（2）日粮中蛋白质的品质　蛋白质的品质是由组成它的氨基酸种类与数量决定的。凡含必需氨基酸的种类全、数量多的蛋白质，其全价性高，品质也好，则称其为完全价值蛋白质；反之，全价性低，品质差，则称其为不完全价值蛋白质。若日粮中蛋白质的品质好，则其利用率高，且可节省蛋白质的喂量。蛋白质的营养价值，可根据可消化蛋白质在体内的利用率作为评定指标，也就是蛋白质的生物学价值，实质是氨基酸的平衡利用问题，因为体内利用可消化蛋白质合成体蛋白的程度与氨基酸的比例是否平衡有着直接的关系。

必需氨基酸与非必需氨基酸的配比问题，也与提高蛋白质在体内的利用率有关。首先要保证氨基酸不充作能源，主要用于氮代谢；其次要保证足够的非必需氨基酸，防止必需氨基酸转移到非必需氨基酸的代谢途径。近年来，通过对氨基酸营养价值研究的进展，使得蛋白质在日粮中的数量趋于降低，但这实际上已满足了家禽体内蛋白质代谢过程中对氨基酸的需要，提高了蛋白质的生物学价值，因而节省了蛋白质饲料。在饲养实践中规定，配合日粮饲料应多样化，使日粮中含有的氨基酸种类增多，产生互补作用，以达到提高蛋白质生物学价值的目的。

（3）日粮中各种营养物质的关系　日粮中的各种营养因素都是彼此联系、互相制约的。近年来在家禽饲养实践活动中，人们越来越注意到了日粮中能量蛋白比的问题。经消化吸收的蛋白质，在正常情况下有70％～80％被用来合成体组织，另有20％～30％的蛋白质在体内分解，释放出能量，其中分解的产物随尿排出体外。但当日粮中能量不足时，体内蛋白质分解加剧，用以满足家禽对能量的需求，从而降低了蛋白质的生物学价值。因此，在饲养实践中应供给足够的能量，避免价值高的蛋白质被作为能量利用。

另外，当日粮中能量减少时，畜禽为了满足对能量的需要势必增加采食量，如果日粮中蛋白质的百分比不变，则会造成日粮蛋白质的浪费；反之，日粮中能量增加，采食量减少，则蛋白质的进食量相应减少，这将造成畜禽生产力下降。因此，日粮中能量与蛋白质含量应有一定的比例，“能量蛋白比”（克/兆卡或克/兆焦）是表示此关系的指标。

许多维生素参与氨基酸的代谢反应，如维生素 B_{12} 可提高植物性蛋白质在机体内的利用率早已被证实。此外，抗生素的利用及磷脂等的补加，也均有助于提高蛋白质的生物学价值。

（4）饲料的调制方法　豆类和生豆饼中含有胰蛋白酶抑制素，其可影响蛋白质的消化吸收，但经加热处理破坏抑制素后，则会提高蛋白质利用率。应注意的是，加热时间不宜过长，否则会使蛋白质变性，反而降低蛋白质的营养价值。

（5）饲喂时间　在家禽体内合成一种蛋白质时，须同时供给数量上足够和比例上合适的各种氨基酸。因而，如果因饲喂时间不同而不能同时到达体组织时，必将导致先到者已被分解，后至者失去用处，结果氨基酸的配套和平衡失常，影响利用。

二、能量

能量对鹅具有重要的营养作用，鹅的生存、生长和生产等一切生命活动都离不开能量。能量不足或过多，都会影响鹅的生产性能和健康状况。饲料中的有机物——蛋白质、脂肪和碳水化合物都含有能量，但主要来源于饲料中的碳水化合物、脂肪。饲料中各种营养物质的热能总值称为饲料总能。饲料总能减去粪能为消化能，消化能减去尿能和产生气体的能量，便是代谢能。在一般情况下，由于鹅的粪尿排出时混在一起，因而生产中只能测定饲料的代谢能而不能直接测定其消化能，故鹅饲料中的能量都以代谢能（ME）来表示，其单位是兆焦/千克或千焦/千克。能量在鹅体内的转化过程见图 3-1。

（一）碳水化合物

碳水化合物包括糖、淀粉、纤维素、半纤维素、木质素、果胶、黏多糖等物质。饲料中的碳水化合物除少量的葡萄糖和果糖外，大多数以多糖形式（淀粉、纤维素和半纤维素）存在。

淀粉主要存在于植物的块根、块茎及谷物类籽实中，其含量可高达 80%以上。在木质化程度很高的茎叶、稻壳中可溶性碳水化合物

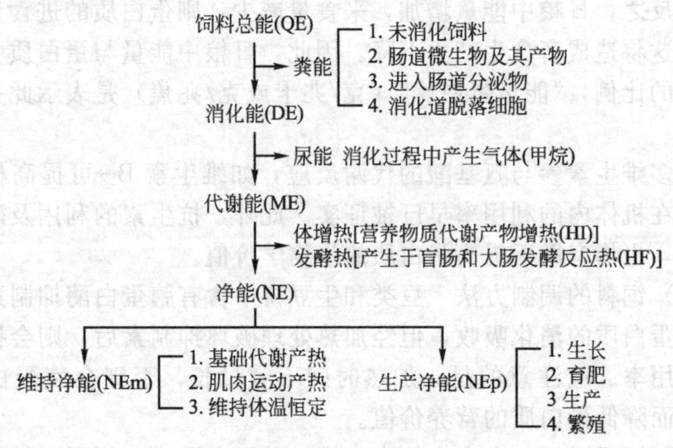

图 3-1　能量在鹅体内的转化过程

的含量则很低。淀粉在动物消化道内，在淀粉酶、麦芽糖酶等水解酶的作用下，水解为葡萄糖而被吸收。

纤维素、半纤维素和木质素存在于植物的细胞壁中，一般情况下，不容易被家禽所消化。但鹅有发达的盲肠，可以提高其对纤维素的消化率，纤维素的含量可控制在5%～10%。如果饲料中纤维素含量过少，也会影响胃、肠的蠕动和营养物质的消化吸收，并且易发生吞食羽毛、啄肛等不良现象。

碳水化合物在体内可转化为肝糖原和肌糖原储存起来，以备不时之需。糖原在动物体内的合成储备与分解消耗处于动态平衡状态。动物摄入的碳水化合物，在氧化、供给能量、合成糖原后有剩余时，将用于合成脂肪储备于机体内，以供营养缺乏时使用。

如果饲料中碳水化合物供应不足，不能满足动物维持生命活动的需要时，动物为了保证正常的生命活动，就必须动用体内的储备物质，首先是糖原，继之是体脂；如仍不足时，则开始挪用蛋白质代替碳水化合物，以解决所需能量的供应。在这种情况下，动物表现机体消瘦、体重减轻、生产性能下降、产蛋减少等现象。

鹅的一切生命活动，如躯体运动、呼吸运动、血液循环、消化吸收、废物排泄、神经活动、繁殖后代、体温调节与维持等，都需要耗能，而这些能量主要靠饲料中的碳水化合物进行生理氧化来提供。

（二）脂肪

脂肪是广泛存在于动、植物体内的一类有机化合物。根据其分子结构的不同，可分为真脂肪和类脂肪两大类。

脂肪和碳水化合物一样，在鹅体内分解后产生热量，用以维持体温和供给体内各器官活动时所需要的能量，其热能是碳水化合物或蛋白质的 2.25 倍。脂肪是体细胞的组成成分，是合成某些激素的原料，尤其是生殖激素大多需要胆固醇作原料。脂肪也是脂溶性维生素的携带者，脂溶性维生素（维生素 A、维生素 D、维生素 E、维生素 K）必须以脂肪作溶剂在体内运输。若日粮中缺乏脂肪时，容易影响这一类维生素的吸收和利用，导致鹅患脂溶性维生素缺乏症。亚油酸在体内不能合成，必须从饲料中提供，称必需脂肪酸。必需脂肪酸缺乏，影响磷脂代谢，造成膜结构异常，通透性改变，皮肤和毛细血管受损。以玉米为主要成分的饲料中通常含有足够的亚油酸。而以稻谷、高粱和麦类为主要成分的饲料中可能出现亚油酸的不足。

（三）蛋白质

当体内碳水化合物和脂肪不足时，多余的蛋白质可在体内分解、氧化供能，以补充热量的不足。过度饥饿时体蛋白也可能供能。鹅体内多余的蛋白质可经脱氨基作用，将不含氮部分转化为脂肪或糖原，筹备起来，以备营养不足时供能。但蛋白质供能不仅不经济，而且容易加重机体的代谢负担。鹅对能量的需要包括本身的代谢维持需要和生产需要。影响能量需要的因素很多，如环境温度、鹅的类型、品种、不同生长阶段及生理状况、生产水平等。日粮的能量值在一定范围，鹅的采食量多少可由日粮的能量值而定，所以饲料中不仅要有适宜的能量值，而且与其他营养物质比例要合理，使鹅摄入的能量与各营养素之间保持平衡，提高饲料的利用率和饲养效果。

三、矿物质的营养

矿物质是一类无机营养物质。存在于鹅体内的各种组织及细胞中的元素，除碳、氢、氧和氮主要以有机化合物形式存在外，其余的各种元素无论其含量多少，统称为矿物质元素。

（一）矿物质元素的分类

现今对矿物质元素的分类方法有两种。一种是根据矿物质元素在

动物体内的含量进行分类；另一种是根据矿物质元素在动物体内的生物学活性进行分类。

1. 根据矿物质元素在动物体内的含量分类

按照各种矿物质元素在动物体内的含量不同，可将其分为常量元素与微量元素两类。常量元素是指占动物体总重量0.01%以上的元素，包括钙、磷、镁、钠、钾、氯和硫7种元素；微量元素则是指占动物体总重量0.01%以下的元素，包括铁、铜、锌、锰、碘、钴、硒、钼、铬等40余种元素。常量元素占动物体内矿物质元素总量的99.95%；而微量元素则仅占矿物质元素总量的0.05%。目前，动物营养学界多采用此种分类方法。

2. 根据矿物质元素的生物学作用分类

按照各种矿物质元素在动物体内的生物学活性的不同，可将其分为必需元素和非必需元素两类。必需元素是指动物缺乏时，可引起组织结构和生理功能异常，并且可发生种种病变或疾病的一类元素。非必需元素则是指即使动物缺乏这些元素，也不会引起组织结构和生理功能异常，不发生病变或疾病的一类元素。

1950年前，确认的必需元素共计有13种，包括钙、磷、镁、钠、钾、氯、硫7种常量元素和铁、铜、锌、锰、碘、钴6种微量元素；后来又陆续发现了钼（1953）、硒（1957）和铬（1959）3种元素为必需元素。近代营养科学研究成果指出，作为必需元素应具备两项基本条件：其一是该元素在动物体内需要保持相对稳定的浓度和序列位置，且具有特定的生物学效应和生理功能；其二是缺乏该元素时，动物可产生缺乏症，且在饲料中针对性添加该元素可预防和消除这种缺乏症。基于上述条件，20世纪60年代以来又相继将砷、钒、锡、镍、锶、硅等列为动物的必需元素。必须指出的是，迄今尚未被列入必需元素的许多种元素，对动物机体亦可能是必需的。必需元素在动物体内的含量见表3-2。

（二）常量元素的营养作用

常量元素包括钙、磷、镁、钠、钾、氯和硫7种元素。其中，钙、磷、镁3种元素是构成骨骼和牙齿的主要成分；钠、钾、氯3种元素则是血液和体液的重要成分；硫元素是含硫氨基酸的组成成分。

表 3-2　必需元素在动物体内的含量

常量元素		微量元素	
名称	含量/%	名称	含量/(毫克/千克)
钙	1.50	铁	20～80
磷	1.00	锌	10～50
钾	0.20	铜	1～5
钠	0.16	钼	1～4
氯	0.11	硒	1～2
硫	0.15	锰	0.2～0.5
镁	0.04	碘	0.3～0.6
		钴	0.02～0.1
		铬	1.7

1. 钙的营养

动物体内总含钙量的 98%是以羟基磷灰石的形式存在于骨骼和牙齿中。其余 2%的钙，则以离子状态存在于软组织、细胞外液和血液中，通常将它们称为混溶钙池。

骨骼中的钙与混溶钙池中的钙，二者之间保持着动态平衡。也就是说，骨骼中的钙不断释放进入混溶钙池，而混溶钙池中的钙又不断地沉积于骨骼中。钙除作为骨骼和牙齿的重要组分外，还是维持各种组织细胞正常生理机能所必需的。因为只有当钙与钠、钾、镁等保持一定比例的情况下，组织细胞才能维持其正常的感应性。例如，神经、肌肉感应性的维持和兴奋性的传导，心脏的跳动等，都必须有钙离子的参与。临床上因神经、肌肉兴奋性增高所引起的抽搐，即是因血液中钙离子浓度过低所致。钙离子还参与机体的凝血过程及某些酶的激活过程。此外，鹅蛋含钙也多，特别是蛋壳主要由碳酸钙组成。

动物对钙的吸收主要在胃内完成。饲料中的钙可与胃液中的盐酸化合而成为氯化钙，它是一种可溶性钙盐，极易被胃黏膜上皮所吸收。肠道对钙的吸收率甚低，仅有 20%～30%。肠道之所以对钙的吸收作用甚弱，原因在于：一是肠道中的碱性反应，使可溶性的氯化钙转变为难溶性的磷酸钙和碳酸钙；二是钙在肠道中可与脂肪酸、植

酸和草酸等阴离子结合形成不溶性钙盐。

动物对钙的吸收作用主要受到下列因素影响：

（1）钙、磷比例　钙、磷比例是影响钙吸收的重要因素。增进钙吸收的适宜钙、磷比例为2∶1。无论钙或磷的比例多高，均会使难溶性的磷酸盐的数量增多，从而影响钙的吸收。

（2）维生素D　维生素D可促进肠道黏膜上皮细胞对钙的吸收。维生素D缺乏时，即使饲料中含有足够量的钙，也难以被机体吸收和利用。

（3）乳糖　乳糖可与钙螯合形成可溶性低分子螯合物而促进钙的吸收。研究证明，给予乳糖的量与钙的吸收率成正比。

（4）蛋白质　饲料中的蛋白质在胃、肠道内消化时，所产生的氨基酸可与钙结合形成可溶性钙盐，促进钙的吸收。故饲料中蛋白质含量充足时，有利于钙的吸收。

雏鹅缺钙，则患软骨病；母鹅缺钙时，蛋壳变薄，产蛋减少。母鹅体内保留钙的能力有限，粉状的钙在胃、肠道很快就被吸收、利用；没有吸收的钙也很快由粪便、尿液排出体外。钙量过多可影响镁、锰、锌的吸收，妨碍雏鹅生长。鹅日粮中钙含量一般在1.5%～2%范围内。

2. 磷的营养

磷与钙两者共同以羟基磷灰石的形式构成动物的骨骼和牙齿。骨骼和牙齿中的磷约占体内总含磷量的80%。其余的磷则位于软组织和体液中，主要是以磷蛋白、磷脂和核酸组成成分的形式发挥作用。磷还是碳水化合物、脂肪代谢过程中形成的已糖磷酸盐、二磷酸腺苷和三磷酸腺苷的组成成分。此外，磷元素还参与机体酸碱平衡的调节。

鹅体内缺乏磷元素时，表现食欲减退，消瘦，生长缓慢，异嗜（啄肛、啄羽等）；关节硬化，骨质易碎，甚至可出现营养性瘫痪。谷物和糠麸中含磷较多，但多为植酸磷。鹅对植酸磷的利用能力较低，对无机磷的利用率可达100%。因此，饲料中必须补充一部分无机磷（占总磷的1/3以上），如饲料中无鱼粉时尤应注意。鹅饲料中中磷含量一般为0.8%。

在配制全价饲料时，除要满足鹅对钙和磷的需要外；还应按照饲养标准，密切注意钙、磷的正常比例。两者的比例适当，有助于钙、磷的正常吸收和利用，从而保证鹅对钙、磷的需要。钙磷比例为2∶1。

3. 钠的营养

钠主要存在于动物体的软组织和体液中，是血液、胃液和其他细胞外液中的主要阳离子。钠在保持体液的酸碱平衡和渗透压方面起着重要的作用。钠可维持肠道中的碱性，有助于消化酶的活动。此外，钠和其他离子协同参与维持神经、肌肉的正常兴奋性。

钠是维持动物体生长、发育、繁殖的重要营养因素。鹅没有储存钠的能力，容易发生缺乏。缺钠时，可显著降低能量和蛋白质的利用率，影响正常繁殖机能，并发生啄癖。在配制全价饲料时可用食盐（含钠36.7%，添加量一般为0.25%～0.5%）补充饲料中钠含量的不足。

4. 氯的营养

氯元素主要存在于动物细胞外液中，它除与钠、钾共同维持体液的酸碱平衡和渗透压外，还参与胃液中盐酸的生成，保持胃液的酸性。此外，氯还可与唾液中的α-淀粉酶形成复合物，从而增强α-淀粉酶的活性。

氯缺乏时，鹅发生食欲减退，消化不良，生长发育缓慢，容易出现啄肛、啄羽等恶癖。种鹅还表现体重下降，蛋重减轻，产蛋率下降等。由于鹅对氯的需要量有限，在用食盐补钠时所提供的氯足以满足鹅的需要。因此，在配制饲料时并不需要单独补氯。

5. 钾的营养

钾是动物细胞内液中的主要阳离子。钾与钠、氯及重碳酸盐离子一起，对调节体液渗透压、保持细胞容量起着重要作用。钾还是维持神经、肌肉兴奋性不可缺少的元素。钾作为细胞内液的主要碱性离子，参与缓冲系统的形成，保持体液的酸碱平衡。

动物实验性缺钾，一般表现为生长停滞、肌肉软弱、异嗜癖等。钾在饼（粕）类尤其是大豆饼（粕）中含量丰富，一般含量为1.2%～2.2%，因此，无需再另外添加。

6. 镁的营养

镁在动物体内约有70%以磷酸盐或碳酸盐的形式参与骨骼和牙

齿的形成。大约有25%的镁与蛋白质结合形成络合物，存在于软组织中。动物所有的组织和细胞中都含有镁，它既存在于细胞外液，也存在于细胞内液。在细胞内，镁主要浓集于线粒体内，对维持氧化磷酸化有关的酶系统的生物活性至关重要。镁还与钙、钾、钠共同维持神经、骨骼肌、心肌的兴奋性。

动物实验性缺镁，一般表现为精神抑郁、肌肉软弱、心肌坏死等。在动物养殖生产中，镁缺乏症主要见于牛、羊等，家禽则极少发生。各种谷物类饲料中含镁丰富，其镁含量已完全可以满足鹅的营养需要，故无需另外添加。

7. 硫的营养

动物体内的硫主要存在于含硫氨基酸（胱氨酸、半胱氨酸和蛋氨酸）、含硫维生素（硫胺素、生物素）以及激素（胰岛素）中，仅有少量呈无机态的硫。因此，硫主要是通过上述含硫氨基酸、含硫维生素以及激素而体现其生理机能的。

动物性蛋白供应丰富时，一般不会缺硫，多数微量元素添加剂都是硫酸盐，当使用这些添加剂时，鹅也不会缺硫。日粮中胱氨酸和蛋氨酸缺乏时会造成缺硫。缺乏硫或含硫氨基酸时，食欲减退，掉毛，并常因体质虚弱而引起死亡。硫缺乏时，多采用补充含硫氨基酸（胱氨酸、半胱氨酸和蛋氨酸）或羽毛粉的方法来治疗，而很少采用补充硫酸盐（无机硫）的方法。

（三）微量元素的营养作用

微量元素包括铁、铜、锌、碘、锰、硒、砷、钴、钼等元素。它们在动物体内含量虽然微小，但在动物的生命活动中却具有极其重要的作用。其中砷、钴、钼等元素在常规饲料中含量虽微，但已足以满足动物的需要，目前尚未证实有添加的必要。

1. 铁的营养

铁是血红蛋白、肌红蛋白和许多种酶（细胞色素酶、过氧化物酶、过氧化氢酶等）的组成部分。动物体内的铁，65%～70%以血红蛋白、30%以肌红蛋白、1%以含铁酶的形式存在；其余的则为储备铁，以铁蛋白和含铁血黄素的形式储存于肝脏、脾脏和骨髓内。铁在机体内的主要生理功能是参与氧的转运、交换及组织呼吸过程。因此，机体内铁的携氧能力被阻断，或铁的数量不足时，将会不同程度影响机体正常代谢过程，导致缺铁性疾病。

动物缺铁时，主要表现缺铁性贫血。由于动物体内的铁可周而复始地重复利用，且各种饲料原料中均含有丰富的铁，因而家禽在正常饲养情况下很少发生缺铁性贫血。但为了提高鹅的生产性能，各饲料厂在家禽用微量元素添加剂中，都加有一定量的铁盐。

2. 锌的营养

锌是动物乃至一切生物最重要的生命元素。它参与合成、激活体内 200 余种酶类，如碱性磷酸酶、碳酸酐酶、乳酸脱氢酸、谷氨酸脱氢酶、羧肽酶、醇脱氢酶等。缺锌时可影响骨骼生长，机体发育；使毛囊角化，导致脱毛。严重时可使雄性动物的精子生成障碍，精子活力下降；雌性动物卵巢、子宫发育受阻，卵子不能正常成熟和受孕。

家禽缺锌，表现食欲不振，生长停滞，羽毛生长不良，毛质松脆，胫骨变短，表面呈鳞片样。蛋禽产蛋下降，蛋壳变薄、易碎，孵化率下降，畸形胚胎率显著增高。植物性饲料（如玉米、高粱等）锌含量较低；而动物性饲料（鱼粉、骨粉、肉骨粉等）锌含量较高。故以植物性饲料为主的全价饲料，应注意补锌。此外，饲料中钙、磷及二价元素过多，可干扰锌的吸收，在配制全价饲料时应予以注意。添加量为 35～65 克/吨。

3. 锰的营养

锰是多糖聚合酶、半乳糖转移酶活性中心，缺锰可影响己糖胺、聚糖和硫酸软骨素的合成，并影响软骨生长、骨骼生成和矿化作用。锰主要参与机体脂肪、蛋白质等多种代谢，可以促进动物生长，增强动物的繁殖性能。

雏鹅缺乏锰时，表现软骨生长不良，生长受阻，体重下降，会发生滑腱症。成年鹅产蛋下降，蛋壳质量差，种蛋孵化率降低，死胚增多。玉米、大豆、小麦等饲粮中的锰含量很低，以玉米、豆粕为主食的鹅容易发生锰缺乏症。此外，饲料中钙含量过高和胆碱缺乏均可干扰鹅对锰的吸收和利用。为了提高种鹅产蛋率、种蛋蛋壳强度、种蛋孵化率，降低雏鹅腿病发生率，在以玉米、豆粕为主的种鹅产蛋期的高钙日粮中，应相应提高锰的补给量，以消除高钙对锰吸收的抑制作用。

4. 碘的营养

碘是动物必需的微量元素。体内的碘 70%~80%集中在甲状腺内，用于合成甲状腺素，甲状腺素是调节机体生长发育、新陈代谢和繁殖的主要激素。人发生碘缺乏时，表现为甲状腺肿大或“呆小症”；动物碘缺乏时，则表现生长发育受阻，全身脱毛，生命力下降，易患病、死亡。家禽碘缺乏时，羽毛失去光泽。公鹅睾丸萎缩，精子缺乏，性欲下降；母鹅对碘缺乏具有较强的耐受性，发生碘缺乏时，表现产蛋量稍有减少，种蛋孵化率下降和鹅胚甲状腺肿大等。为了保证产蛋率、种蛋受精率和雏禽质量，各国在禽用微量元素添加剂中都加入了碘。

5. 铜的营养

铜是体内许多酶的组成成分，如铜蓝蛋白酶、酪氨酸酶、赖氨酸酰基氧化酶、超氧化物歧化酶等。当机体缺乏铜时，这些酶活性下降，因而产生贫血、羽毛褪色、关节肿大、骨质疏松、血管壁弹性下降，甚至导致心脏肥大。

铜缺乏症分为原发性和继发性两种。原发性铜缺乏症是因饲料中铜含量太低、铜摄入不足所致，主要表现为含铜酶活性下降及相关症状出现。继发性铜缺乏是因饲料中可干扰铜吸收利用的元素（如钼、硫等）含量太高，即使铜含量正常，仍可造成铜摄入不足，引起铜缺乏，临床上表现食欲不振、异嗜症、骨骼疏松、运动失调和神经症状。

6. 硒的营养

硒在体内是谷胱甘肽过氧化物酶的组成成分，每个谷胱甘肽过氧化物酶分子内含 4 个原子硒，成为谷胱甘肽过氧化物酶的活性中心。谷胱甘肽过氧化物酶可将细胞代谢活动中所产生的有机氧化物和无机氧化物转化为羟基化合物和水而解毒。硒只有在谷胱甘肽过氧化物酶中才能发挥作用，饲料中硒过多（>5 毫克/千克），谷胱甘肽过氧化物酶活性不再增高，并可导致中毒。

硒能增强维生素 E 的抗氧化作用，补充硒或维生素 E 可起到互补作用，并纠正各自的缺乏症。但有些情况下维生素 E 不能代替硒，而硒在很大程度上可代替维生素 E。

鹅缺硒时，表现精神沉郁，食欲减退，生长缓慢，渗出性素质和肌营养不良，并引起肌胃变性、坏死和钙化；产蛋鹅缺硒时，表现产蛋率和种蛋孵化率下降；种公鹅缺硒则精液品质下降，受精率降低，机体免疫力下降。现代的家禽用微量元素添加剂中都加入有硒，饲料中添加量一般为 0.15 毫克/千克。硒是一种毒性很强的元素，其安全范围小，容易中毒，使用时必须准确计量，混合均匀。

虽然无机元素是鹅新陈代谢、生长发育和产蛋必不可少的营养物质，但其过量对鹅体可产生毒害作用。因此，在生产实践中一定要按营养需要配给，切不可过分强调它们的作用而随意加大剂量使用，以防造成中毒。

四、维生素的营养

维生素是动物机体进行新陈代谢、生长发育和繁衍后代所必需的一类有机化合物。动物对维生素的需要量很小，通常以毫克计。但它们在动物体的生命活动中生理作用却很大，而且相互之间不可代替。

维生素不是形成动物机体各种组织、细胞和器官的原料，也不是能量物质。它们主要是以辅酶和辅基的形式参与构成各种酶类，广泛地参与动物体内的生物化学反应，从而维持机体组织和细胞的完整性，以保证动物的健康和生命活动的正常进行。

动物体内的维生素来源有三种：从饲料中获取，消化道中微生物合成和动物体的某些器官合成。鹅的消化道短，消化道内的微生物较少，合成维生素的种类和数量都有限；鹅除肾脏能合成一定量的维生素 C 外，其他维生素均不能在鹅体内合成，而必须从饲料中摄取。

动物缺乏某种维生素时，会引起相应的新陈代谢和生理机能的障碍，导致特有的疾病，称为某种维生素缺乏症。数种维生素同时缺乏而引起的疾病，则称为多种维生素缺乏症。

在养殖实践中，常常由于日粮中供给的维生素不足，消化道疾病所致的维生素吸收障碍，或是由于特殊的生理状态（产卵）等原因，引起各种缺乏症状。某些维生素（如脂溶性维生素）在体内有一定量的储备，短时间内缺乏不会很快表现出临床症状，也不会对生产力产生明显影响，但随着消耗的增加会逐渐表现出各种症状。因此，在养殖实践中，要预防由于维生素不足或缺乏所引起的不良后果，必须从疫病情况、环境条件、特殊生理状态等多方面考虑动物对各种维生素的实际需要量，并且保障充足供给，而不能“死搬硬套”动物营养标准中规定的维生素需要量。

(一) 维生素的分类

维生素按其溶解性可分为脂溶性和水溶性两大类，每一类中又各包括许多种维生素。维生素最初是以拉丁字母命名的，现在多以化学结构特征或结合生理功能进行命名。家禽营养中重要的维生素如表3-3。

表 3-3 家禽营养中重要的维生素

类别	名称	别名
脂溶性维生素	维生素 A	视黄醇
	维生素 D_2	麦角骨化醇
	维生素 D_3	胆骨化醇
	维生素 E	生育酚
	维生素 K	叶绿醌
水溶性维生素	维生素 B_1	硫胺素
	维生素 B_2	核黄素
	维生素 B_3	泛酸
	维生素 B_5	烟酸
	维生素 B_6	吡哆素
	维生素 B_7	生物素
	维生素 B_{11}	叶酸
	维生素 B_{12}	钴维素
	维生素 C	抗坏血酸

(二) 脂溶性维生素的营养

1. 维生素 A

维生素 A 在动物体内主要储存于肝脏。其生理机能主要有：

① 参与视网膜细胞中四种感光色素（视紫红质、视青紫质、视紫质、视青质）的合成，维持正常视觉。视紫红质是感受弱光线刺激的感光色素；视青紫质、视紫质、视青质分别是感受红光、绿光和蓝

光的感光色素。视紫红质具有维持暗视觉的功能，而其他三种感光色素具有辨别颜色的功能。当动物缺乏维生素A时，由于视网膜内不能合成视紫红质和其他感光色素，所以可导致在弱光线下视觉减弱或完全丧失，即所谓的“夜盲症”。

② 维持黏膜上皮细胞的正常形态和生理机能。当动物缺乏维生素A时，可引起上皮组织干燥和过度角质化，尤其是眼部、呼吸、消化、泌尿和生殖器官的上皮角质化，从而导致泪腺、唾液腺、汗腺、胃腺等的分泌机能下降，并发生一系列疾病。

家禽维生素A的最低需要量一般为每千克日粮1000～5000国际单位。如生长鹅的需要量为1500国际单位/千克饲料；产蛋鹅和种鹅4000国际单位/千克饲料。当发生维生素A缺乏时可按正常添加量的2～3倍添加喂服。

维生素A在动物肝脏内可蓄积，如饲料中添加过多，或较长时间超标准添加，会引起中毒。急性中毒可致死亡；蓄积中毒则表现为器官变性，生长缓慢，易骨折，皮肤易损伤等。

2. 维生素D

维生素D包括维生素D_2和维生素D_3。维生素D_2主要来自植物，是植物中麦角固醇经紫外线照射后产生的，又称麦角钙化醇；维生素D_3是哺乳动物皮肤中7-脱氢胆固醇经紫外线照射后产生的，又称胆钙化醇。

维生素D的生理作用表现在以下三个方面：①促进小肠近端对钙的吸收和远端对磷的吸收；②促进肾小管对钙的重吸收；③促进骨骼中钙的运动，维生素D可增加破骨细胞的活性，使钙从骨骼中释放出来。由此可见，维生素D具有促进钙、磷吸收，维持血液中钙、磷浓度相对稳定，促进幼年动物钙、磷向骨骼中沉积的作用。当幼龄鹅维生素D缺乏时，胸骨脊呈“S”状弯曲，喙软呈橡皮状，胫跗骨可见轻微弯曲，易骨折；产蛋鹅维生素D缺乏时，则生产薄壳蛋或软壳蛋，继之产蛋减少，孵化率降低。此外，维生素D过剩时亦会给鹅带来损害。当维生素D补充过量时，可造成骨质疏松和钙的异位沉着，发生肾结石、动脉硬化等。

正常情况下，每千克饲料中维生素D_3的添加量为200国际单位。当发生维生素D缺乏时，可按正常添加量的2～3倍添加。

维生素 D_3 添加过量时亦会引起中毒，主要表现为主动脉和一些大动脉发生钙化，肾小管和输尿管上皮发生营养不良和钙化等。

3. 维生素 E

维生素 E 与生殖机能有关，又名生育酚、抗不育维生素。现已发现有 7 种，其中以 α-生育酚活性最强。维生素 E 在机体内主要作为生物催化剂，改善氧的利用，维持组织细胞正常的呼吸过程。维生素 E 作为抗氧化剂，能防止易氧化物质（维生素 A 及不饱和脂肪酸等）在饲料、消化道以及内源代谢中的氧化，保护富于脂质（不饱和磷脂）的细胞膜不被破坏，维持肌肉及外周血管系统功能。

当维生素 E 缺乏时，雏禽可发生白肌病、小脑软化症等，当日粮中缺硒时，会加速以上症状的发生；长期缺乏可造成繁殖机能紊乱；维生素 E 还影响机体的免疫功能和抗应激能力。缺乏时，免疫功能和抗应激能力均下降。

当家禽日粮中缺乏维生素 E 又同时缺硒时，会加重维生素 E 的缺乏症状。硒与维生素 E 的协同作用：既对机体的作用有相同之处，又对缺乏症有相同之处。维生素 E 可代替部分硒，反过来硒不能代替维生素 E，但是硒能促进维生素 E 的吸收，所以饲料中硒充足时，可减少维生素 E 的需要量，或减轻维生素 E 的缺乏症状。在发现家禽缺乏维生素 E 时，则要注意检查饲料中的硒含量是否充足。

维生素 E 在饲料中分布十分广泛。禾谷类籽实饲料每千克干物质含生育酚 10～40 毫克，而青饲料中维生素 E 含量要比禾谷类籽实高出 10 倍以上。一般蛋白质饲料中维生素 E 较贫乏。青饲料自然干燥时，维生素 E 损失量可达 90%左右，人工干燥或青贮时损失较少。通常饲料中的维生素含量随着贮存时间的延长而不断减少，如籽实饲料在一般条件下保存 6 个月，维生素 E 损失 30%～50%。

家禽对日粮中维生素 E 的需要量与饲粮组成及品质有关。日粮中脂肪含量高时，需供给较多的维生素 E，以防止脂肪代谢中形成过多的有毒产物；当日粮中含硫氨基酸、抗氧化剂和硒水平较高时，维生素 E 的需要量应适当降低。一般情况下每千克饲料应含维生素 E 5 国际单位。正常情况下，家禽对维生素 E 的耐受剂量为需要量的 100 倍。

4. 维生素K

维生素K的主要作用是催化肝脏中对凝血酶原以及凝血活素的合成。通过凝血活素的作用，凝血酶原转变为凝血酶，凝血酶再将可溶性的血纤维蛋白原转变为不溶性的血纤维蛋白而使血液凝固。当维生素K不足时，由于限制了凝血酶原的合成，使得血凝时间延长。维生素K缺乏症在家禽中较多见，因家禽肠道中合成的维生素K量少且吸收差，特别是笼养或网上饲养的鹅不能利用粪便中的维生素K作补充。

当缺乏维生素K时，皮下出血形成紫斑，而且受伤后血液不易凝固，流血不止以致死亡。在青饲料和鱼粉中含有维生素K，一般不易缺乏。市场上有维生素K制剂。

一般情况下，每千克饲料中维生素K的添加量0.5毫克。家禽对维生素K的最大耐受剂量为每千克日粮500～1000毫克。当发生维生素K缺乏症时或长期使用抗生素时，可加大用量至5～8毫克/千克。天然形式的维生素K_1和维生素K_2，对鹅不会产生毒害作用；人工合成的维生素K_3则有一定的毒性，不宜大剂量、长时间使用。生产中的饲料霉变、长期使用抗生素和磺胺类药物以及一些疾病的发生都会增加维生素K的需要量。

（三）水溶性维生素的营养

1. 维生素B_1

维生素B_1又称硫胺素，在动物体内维生素B_1以焦磷酸硫胺素的形式参与碳水化合物的代谢。碳水化合物的中间代谢产物（丙酮酸、α-酮戊二酸）必须有焦磷酸硫胺素的存在方能正常进行氧化-脱羧反应。当动物缺乏硫胺素时，α-酮酸因不能氧化-脱羧，可导致组织细胞中α-酮酸的积聚而发生中毒，引起脑皮质坏死。动物表现痉挛、抽搐、麻痹等神经症状，且伴有心肌弛缓、心力衰竭，碳水化合物代谢紊乱，进而可影响脂肪代谢，导致神经纤维髓鞘损伤，引起多发性神经炎。维生素B_1还可促进乙酰胆碱的合成，维生素B_1缺乏时，乙酰胆碱的合成受阻，胆碱能神经传导障碍，胃、肠运动缓慢，消化液分泌减少，消化不良。

一般情况下，每千克饲料中维生素B_1的添加量为1～2毫克，以添加剂的形式补充。当发生维生素B_1缺乏时，每千克饲料中维生素

B_1 的添加量可增加至 30～50 毫克，连续喂 5～7 天。

维生素 B_1 在麸皮、谷物、饼（粕）中含量比较丰富。常用作饲料添加剂的有盐酸硫胺素和硝酸硫胺素两种，均为白色结晶粉末，易溶于水，味苦。

保存时应避免光照、密闭。维生素 B_1 与抗球虫病药有拮抗作用，在投喂抗球虫病药物时应注意。

2. 维生素 B_2

维生素 B_2 又称核黄素，它是黄素单核苷酸（FMN）和黄素腺嘌呤二核苷酸（FAD）辅酶的组成成分，参与细胞的呼吸的作用，有催化蛋白质、脂肪、糖代谢、氧化-还原过程的作用。因此，可影响到体内多种组织的代谢，特别是神经、血管的机能及上皮的完整性。

雏鹅发生维生素 B_2 缺乏时，表现羽毛生长迟缓，眼充血，两腿软弱，脚爪麻痹并卷曲成拳头状，腿部肌肉萎缩，常蹲伏于地面。鹅对维生素 B_2 的需要量，随年龄的增长而逐渐减少，故幼雏轻度缺乏维生素 B_2 可逐渐康复，但却会严重影响生长发育。产蛋母鹅发生维生素 B_2 缺乏时，则表现产蛋量显著下降，种蛋孵化率极低，胚胎死亡率升高。

青绿饲料、干草粉、饼（粕）、糠麸类、酵母以及动物性饲料中含量较高，谷类籽实、块根、块茎类饲料含量较少，所以，雏鹅更容易发生维生素 B_2 缺乏症。一般情况下，每千克饲料中维生素 B_2 的添加量为 2～4 毫克，高能量高蛋白日粮、低温环境以及抗生素的使用等因素会加大对维生素 B_2 的需要量。当发生维生素 B_2 缺乏症时，每千克饲料维生素 B_2 的添加量可增至 20 毫克。

3. 维生素 B_3

维生素 B_3 又称泛酸（抗鸡皮炎因子）。泛酸在动物体内是辅酶 A 的组成部分，因此它是以乙酰辅酶 A 的形式参与蛋白质、脂肪、碳水化合物的代谢。

泛酸缺乏症常见于雏鹅。主要表现为天然孔周围发生皮肤炎，最初出现在嘴角和眼睛周围，继之在口、鼻、肛门等处，严重时腿部亦可发生大面积皮肤炎；产蛋鹅缺乏泛酸时，很少出现上述症状，则表现为种蛋孵化率低。

一般情况下，每千克饲料中维生素 D-泛酸钙的添加量为 10～30

毫克。如发生缺乏症时，可按正常添加量的 2 倍添加维生素 D-泛酸钙，连续饲喂 5～7 天。

4. 维生素 B_5

维生素 B_5 又称烟酸（烟酰胺）、维生素 pp、抗癞皮病因子等。烟酸在体内可转化为烟酰胺，烟酰胺是辅酶Ⅰ（NAD）和辅酶Ⅱ（NADP）的组成部分。辅酶Ⅰ和辅酶Ⅱ则是体内多种脱氢酶的辅酶，在生物氧化过程中起着传递氢的作用。动物体内缺乏烟酰胺时，因上述辅酶的合成受阻，生物氧化过程不能正常进行，从而使物质代谢过程发生障碍。

家禽烟酸缺乏时，表现黏膜功能紊乱，食欲不振，消化不良，腹泻，大肠发生溃疡、坏死以至出血，皮肤粗糙，并形成鳞屑，神经麻痹，共济运动失调，羽毛生长不良，跗关节增生、发炎，骨短粗，股骨弯曲，呈“O”形腿，喙角、眼睑部分皮肤发炎明显。

烟酸在酵母、麸皮、青绿饲料、动物饲料中含量丰富，玉米、小麦、高粱等谷物饲料中的烟酸多呈结合状态，鹅的利用率低，容易缺乏，需要在日粮中补充。一般情况下，每千克饲料中维生素 B_5 的需要量为 10～70 毫克。当发生缺乏症时，维生素 B_5 的添加量可增至 1～2 倍，连续喂 5～7 天。

5. 维生素 B_6

维生素 B_6 又称吡哆素，它包括吡哆醇、吡哆醛和吡哆胺三种化合物。吡哆素在体内以磷酸吡哆醛和磷酸吡哆胺的形式构成体内多种酶的辅酶，它参与的生物化学反应极其多样，如参与氨基酸的脱羧作用、氨基转移作用，色氨酸和含硫氨基酸代谢，不饱和脂肪酸代谢等。

吡哆素缺乏可导致神经系统损伤。病鹅表现共济运动失调，胸、腹部贴地，两个翅膀时常拍打地面，或呈仰卧姿势，两腿交替踢蹬等。成年鹅产蛋率和孵化率下降。

由于维生素 B_6 在饲料中含量较丰富，一般很少发生维生素 B_6 缺乏症。所以，在许多厂家生产的多维中均不含维生素 B_6。一般情况下，每千克饲料中维生素 B_6 的需要量为 2～5 毫克。

6. 维生素 B_7

维生素 B_7 又称生物素。生物素是机体内许多羧化酶的辅酶，参

与 CO_2 的转运。生物素作为 CO_2 的载体，先与 CO_2 相结合，然后将 CO_2 传递给适当的受体。生物素缺乏时，体内的许多羧化反应不能正常进行，可致动物呈现病态。

雏鹅发生生物素缺乏时，表现脚爪部、喙和眼睛周围皮肤发炎，食欲不振，生长迟缓，羽毛干燥而脆。产蛋鹅缺乏生物素时，所产种蛋孵化率下降，鹅胚发育不全，呈先天性骨短粗症和鹦鹉喙。

一般情况下，每千克日粮中生物素的需要量为25～50微克。当长期喂给缺乏生物素的玉米和小麦等谷物饲料时应注意添加生物素。

7. 维生素 B_{11}

维生素 B_{11} 曾经被称为抗猴贫血因子（维生素 M）、抗鸡贫血因子（维生素 BC）。因其是在菠菜叶中首先发现的，故又称为叶酸。叶酸不仅参与一碳基团或残基（如甲醛、甲基等）的转移，而且还参与嘌呤、胸腺嘧啶等甲基化合物和核酸的合成。缺乏叶酸时，因核酸合成障碍，细胞发育、分裂受阻，使更新快的组织（如各种上皮组织、淋巴组织、红骨髓等）迅速退化，血细胞分裂增殖障碍。成红细胞体积增大，核内染色质疏松，引起巨幼红细胞性贫血。

动物中以家禽、猪叶酸缺乏症较多见，其他动物叶酸缺乏症较少发生。叶酸缺乏症的发生原因有以下三个方面：①长期以低绿叶植物饲喂，又未补充动物性饲料，如鱼粉、肉骨粉、肝脏粉、血粉等；②长期大量使用抗菌类药物，使体内微生物区系发生紊乱，尤其是在饲料中添加了叶酸拮抗剂——磺胺类药物；③慢性胃、肠道疾病，使叶酸吸收不良等。

雏禽缺乏叶酸时，表现生长缓慢，羽毛脆弱、褪色，全身苍白贫血，出现典型的巨红细胞性贫血和血小板减少症。产蛋禽缺乏叶酸时，表现产蛋减少，孵化率下降，胚胎髋关节移位，下颌缺损，趾畸形，神经沟裂开，残雏率明显升高。

家禽由饲料中获得的叶酸加上肠道微生物合成的叶酸，其数量基本能够满足需要，正常情况下不会发生叶酸缺乏症，但在长期饲喂抗生素、磺胺类药物或长期患消化道慢性疾病时，有可能出现叶酸缺乏症。磺胺类药物是叶酸的拮抗剂，并且可致母鹅产蛋率大幅度下降，故在鹅饲料中应避免使用。

8. 维生素 B_{12}

维生素 B_{12} 是一种含钴化合物，又名钴维素。它有多种形式，如氰钴胺素、羟钴胺素、硝钴胺素、甲钴胺素、5′-脱氧腺苷钴胺素等。一般所说的维生素 B_{12} 是指氰钴胺素。氰钴胺素在体内是以辅酶的形式参与多种代谢过程的，可促进某些化合物的异构化和甲基转移作用，加强氨基酸（蛋氨酸、谷氨酸）和蛋白质的生物合成，维持血细胞、上皮细胞的正常生成。

生长鹅缺乏维生素 B_{12} 时，表现采食量下降，生长、发育迟缓，全身苍白，神经兴奋性增高，易惊，共济失调。产蛋鹅缺乏维生素 B_{12} 时，则表现肌胃糜烂，消化不良，产蛋量下降，种蛋孵化率显著降低，鹅胚畸形，死亡率高。

鹅的饲料中只要有一定比例的动物性蛋白质饲料，就不会发生维生素 B_{12} 的缺乏症。如为无鱼粉饲料，一定要补充维生素 B_{12}。

9. 维生素 C

维生素 C 又称抗坏血酸。维生素 C 是很强的还原剂，体内所产生的氧化物、过氧化物的毒性可被其降解。此外，维生素 C 还参与铁的吸收、组织的修复，促使伤口愈合，维持毛细血管的正常结构和机能。用作炎热季节鹅饲料添加剂，尚具有良好的抗热应激作用。

鹅饲料中含有丰富的维生素 C，鹅在肾脏内还可合成维生素 C。因此，在一般情况下，鹅饲料中无须添加维生素 C。但为保持鹅只的健康、高生产性能，或有应激因素存在时，应考虑添加维生素 C。夏季，给种鹅饲料中添加维生素 C，可有效地解决一些鹅场因鹅发生热应激反应而导致的蛋壳质量差、破蛋率较高的问题。

10. 胆碱

有人将胆碱作为 B 族维生素的一员，称为维生素 B_4。但大多数学者认为胆碱既不构成酶的辅酶，也不构成酶的辅基，并且需要量比一般维生素要多得多，故不宜列为维生素。

胆碱广泛存在于动、植物饲料中，在鱼粉、豆粕、花生粕中含量尤其丰富，而在谷物类饲料中的含量相对较少。饲料用胆碱为氯化胆碱，氯化胆碱为白色结晶，性质稳定，有咸苦味。溶于水，极易潮解，潮解后可使水溶性维生素效价降低，故不宜与维生素混合保存。

胆碱是机体合成乙酰胆碱和磷脂的必需物质。乙酰胆碱是传导神经冲动的化学递质，机体内缺乏胆碱则乙酰胆碱合成受阻，神经冲动的传递遇到障碍，共济运动失调；磷脂是构成细胞膜的主要物质，缺乏胆碱则不能大量合成磷脂，细胞的生长发育和增殖受阻。一般情况下，每千克饲料中胆碱需要量为500～2000毫克。当饲料中蛋氨酸、叶酸和维生素B_{12}含量不足时，应提高氯化胆碱的用量。

五、水

水是机体一切细胞和组织的组成成分。水广泛分布于各器官、组织和体液中。体液以细胞膜为界，分为细胞内液和细胞外液。对于正常动物，细胞内液约占体液的2/3；细胞外液主要指血浆和组织液，约占体液的1/3。细胞内液、组织液和血浆之间的水分不断地进行着交换，保持着动态平衡。组织液是血浆中营养物质与细胞内液中代谢产物进行交换的媒介。

动物体内水的营养作用是很复杂的，所有生命活动都依赖于水的存在。其主要生理功能是参与体内物质运输（体内各种营养物质的消化、吸收、转运和大多数代谢废物的排泄，都必须溶于水中才能进行)、参与生物化学反应（在动物体内的许多生物化学反应都必须有水的参与，如水解、水合、氧化还原，有机物的合成和所有聚合和解聚作用都伴有水的结合或释放)、参与体温调节（动物体内新陈代谢过程中所产生的热，被吸收后通过体液交换和血液循环，经皮肤汗腺和肺部呼气散发出来)。

动物得不到饮水比得不到饲料更难维持生命。饥饿时动物可以消耗体内的绝大部分脂肪和一半以上的蛋白质而维持生命；如果体内水分损失达10%，则可引起机体新陈代谢的严重紊乱。如体内损失20%以上的水分，即可引起死亡，高温季节缺水的后果更为严重。

第二节 鹅饲养标准

根据鹅维持生命活动和从事各种生产，如产蛋、产肉等对能量和各种营养物质需要量的测定，并结合各国饲料条件及当地环境因素，制定出鹅对能量、蛋白质、必需氨基酸、维生素和微量元素等的供给量或需要量，称为鹅的饲养标准，并以表格形式以每日每只具体需要量或占日粮含量的百分数来表示。

我国尚未颁布各品种鹅统一的饲养标准，美国、法国等国已制定标准。广大科研工作者结合我国养鹅实际，参照国内外的饲养标准，经过实验研究和实际验证，提出了一些具有指导性作用的饲养标准（营养需要参考量），见表3-4～表3-13。

表3-4　鹅的营养需要量（美国NRC）

营养成分	0～4周	0～4周以上	种鹅
代谢能/(兆焦/千克)	12.13	12.55	12.15
粗蛋白/%	20	15	15
钙/%	0.65	0.60	2.25
有效磷/%	0.30	0.30	0.30
赖氨酸/%	1.00	0.85	0.60
蛋氨酸+胱氨酸/%	0.60	0.50	0.50
维生素A/(国际单位/千克)	1500	1500	4000
维生素D/(国际单位/千克)	200	200	200
胆碱/(毫克/千克)	1500	1000	500
烟酸/(毫克/千克)	65.0	35.0	20.0
泛酸/(毫克/千克)	15	10.0	10.0
维生素B_2/(毫克/千克)	3.8	2.5	4.0

表3-5　法国鹅饲养标准

营养成分	0～3周		4～6周		7～12周		种鹅	
代谢能/(兆焦/千克)	10.868	11.704	11.286	12.122	11.286	12.122	9.196	10.45
粗蛋白质/%	15.8	17	11.6	12.5	10.3	11	13	14.8
钙/%	0.75	0.8	0.75	0.8	0.65	0.73	2.6	3.0
有效磷/%	0.42	0.45	0.37	0.4	0.32	0.35	0.32	0.36
赖氨酸/%	0.89	0.95	0.35	0.6	0.47	0.5	0.58	0.66
蛋氨酸/%	0.4	0.42	0.29	0.31	0.25	0.27	0.23	0.26
含硫氨基酸/%	0.79	0.85	0.56	0.6	0.48	0.52	0.42	0.47

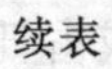

续表

营养成分	0～3周		4～6周		7～12周		种鹅	
色氨酸/%	0.17	0.18	0.13	0.14	0.12	0.13	0.13	0.15
苏氨酸/%	0.58	0.62	0.46	0.49	0.43	0.46	0.4	0.45
钠/%	0.14	0.15	0.14	0.15	0.14	0.15	0.12	0.14
氯/%	0.13	0.14	0.13	0.14	0.13	0.14	0.12	0.14

注：微量元素和维生素参考鸭的推荐量。

表 3-6 前苏联的饲养标准

营养成分	0～20日龄	20～60日龄	60～180日龄	种鹅
代谢能/(兆焦/千克)	11.72	11.72	10.88	10.16
粗蛋白质/%	20.0	18.0	14.0	14.0
能量蛋白比	140	145	175	178
粗纤维/%	5.0	7.0	8.0	10.0
钙/%	1.6	1.6	2.0	1.6
有效磷/%	0.8	0.8	0.8	0.8
盐/%	0.4	0.4	0.4	0.4
赖氨酸/%	1.0	0.9	0.7	0.63
蛋氨酸/%	0.5	0.46	0.35	0.35
胱氨酸/%	0.29	0.25	0.20	0.20
色氨酸/%	0.22	0.20	0.18	0.16
精氨酸/%	1.00	0.90	0.70	0.82
组氨酸/%	0.47	0.42	0.38	0.38
亮氨酸/%	1.66	1.47	1.15	0.95
异亮氨酸/%	0.67	0.50	0.47	0.47
苯丙氨酸/%	0.85	0.74	0.57	0.49
酪氨酸/%	0.37	0.33	0.26	0.32
苏氨酸/%	0.61	0.55	0.46	0.46
缬氨酸/%	1.06	0.94	0.73	0.67
甘氨酸/%	1.00	0.99	0.77	0.77

续表

营养成分	0～20日龄	20～60日龄	60～180日龄	种鹅
维生素				
维生素A/(毫克/千克)	10	5	5	10
维生素D/(毫克/千克)	1.5	1.0	1.0	1.5
维生素E/(毫克/千克)	5.0			5.0
维生素K_3/(毫克/千克)	2	1	1	1
维生素B_1/(毫克/千克)				
维生素B_2/(毫克/千克)	2	2	2	2
维生素B_3/(毫克/千克)	10	10	10	10
维生素B_4/(毫克/千克)	1000	1000	1000	1000
烟酸/(毫克/千克)	30	30	30	30
维生素B_6/(毫克/千克)	2			
维生素B_{11}/(毫克/千克)	0.5			
维生素B_{12}/(毫克/千克)	25	25	25	25
微量元素				
锰/(毫克/千克)	50			
锌/(毫克/千克)	50			
铁/(毫克/千克)	2.5			
铜/(毫克/千克)	2.5			
钴/(毫克/千克)	2.5			
碘/(毫克/千克)	1.0			

表3-7 辽宁昌图鹅的饲养标准

营养成分	1～30	31～90	91～180	成鹅	种鹅
代谢能/(兆焦/千克)	11.72	11.72	10.88	11.30	
粗蛋白质/%	20.0	18.0	14.0	16.0	
粗纤维/%	7.0	7.0	10.0	10.0	
钙/%	1.6	1.6	2.2	2.2	
有效磷/%	0.8	0.8	1.2	1.2	
盐/%	0.35	0.35	0.35	0.40	
赖氨酸/%	1.0	0.9	0.7	0.63	0.63

续表

营养成分	1～30	31～90	91～180	成鹅	种鹅
蛋氨酸/%	0.5	0.45	0.35	0.35	0.35
色氨酸/%	0.2	0.2	0.16	0.16	0.16
维生素					
维生素 A/(毫克/千克)	10000	5000	5000	10000	10000
维生素 D/(毫克/千克)	1590	1000	1000	1000	1000
维生素 E/(毫克/千克)	5				5
维生素 K_3/(毫克/千克)	2	1	1	1	2
维生素 B_2/(毫克/千克)	2	2	2	2	2
维生素 B_3/(毫克/千克)	10	10	10	10	10
维生素 B_6/(毫克/千克)	30	30	30	20	20
维生素 B_{12}/(毫克/千克)	25	25	25	25	25
胆碱/(毫克/千克)	1000	1000	1000	1000	1000
微量元素					
锰/(毫克/千克)	50	50	50	50	50
锌/(毫克/千克)	50	50	50	50	50
铁/(毫克/千克)	25	25	25	25	25
铜/(毫克/千克)	2.5	2.5	2.5	2.5	2.5

表 3-8 不同鹅的营养需要

鹅的分类		代谢能/(兆焦/千克)	粗蛋白质/%	粗纤维/%	钙/%	磷/%	盐/%	赖氨酸/%	蛋氨酸/%	蛋氨酸+胱氨酸/%
莱茵鹅	0～3周龄	12.13～13.34	19.5～22.0	4	1.0～1.2	0.45～0.5	0.3	1.0	0.5	
	4～10周龄	11.71～11.92	17.0～19.0	4.5	0.9～1.0	0.45～0.5	0.3	0.8	0.45	
	11～27周龄	10.87～11.08	15.5～17.0	6	1.3～1.5	0.45～0.5	0.3	0.65	0.33	
	28～47周龄	11.51～11.71	16.5～18.0	4	3.0～3.2	0.45～0.5	0.3	0.75	0.35	
	47周龄以上	11.92～12.13	12.0～12.5	4	1.4～1.6	0.45～0.5	0.3	0.40	0.25	

续表

鹅的分类		代谢能/(兆焦/千克)	粗蛋白质/%	粗纤维/%	钙/%	磷/%	盐/%	赖氨酸/%	蛋氨酸/%	蛋氨酸+胱氨酸/%
郎德鹅	0～3周龄	12.1	20	5.8	0.65	0.4	0.3	1.0		0.6
	4～10周龄	12.6	16	7.3	0.6	0.4	0.3	0.85		0.5
	种鹅	11.7	15.5	6.2	2.25	1.0	0.3	0.6		0.5
豁眼鹅	0～30日龄	11.95	19.8	4.5	0.95	0.7	0.3	1.2		0.86
	30～60日龄	11.3	18.1	5	1.6	0.9	0.4	1		0.77
	60～90日龄	10.88	15.6	7	1.8	0.9	0.4	0.9		0.7
	90～180日龄	10.65	14.5	9	2.0	1.0	0.5	0.7		0.53
	180日龄以后	11.30	16～17	6～7	3.5	1.5	0.5	0.9		0.77
黑龙江白鹅	0～4周龄	11.72	18	5～6	1.0	0.7	0.35	1.0	0.35	
	5～10周龄	11.5	14～15	8	1.2	0.7	0.35	1.0	0.30	

表3-9　狮头鹅的营养需要

营养成分	雏鹅	小鹅	中鹅	后备中鹅(或休产)	在产种鹅(或预备期)
代谢能/(兆焦/千克)	11.83～11.87	11.75～11.79	12.54～12.62	11.50～11.62	11.29～11.50
粗蛋白质/%	16～17	13.5～14.5	12.5～13.5	14～15	15.5～16.5
粗纤维/%	3.60～3.85	3.69～3.95	3.03～3.05	3.87～3.93	3.80～3.85
钙/%	0.8～0.84	0.79～0.83	0.57～0.61	1.53～1.58	2.88～3.0
有效磷/%	0.36～0.38	0.34～0.36	0.26～0.31	0.44～0.46	0.58～0.60
精氨酸	0.86～0.94	0.86～0.94	0.81～0.87	0.92～0.99	1.03～1.09
赖氨酸/%	0.66～0.70	0.66～0.70	0.60～0.64	1.12～1.17	1.22～1.28
蛋氨酸/%	0.26～0.30	0.26～0.30	0.29～0.33	0.85～0.90	0.93～0.97
蛋氨酸+胱氨酸/%	0.71～0.76	0.71～0.76	0.74～0.78	0.46～0.50	0.49～0.53
色氨酸/%	0.17～0.21	0.17～0.21	0.15～0.19	0.18～0.22	0.20～0.24
组氨酸/%	0.30～0.34	0.30～0.34	0.28～0.32	0.31～0.35	0.34～0.38
亮氨酸/%	1.23～1.27	1.23～1.27	1.25～1.29	1.26～1.30	1.34～1.38

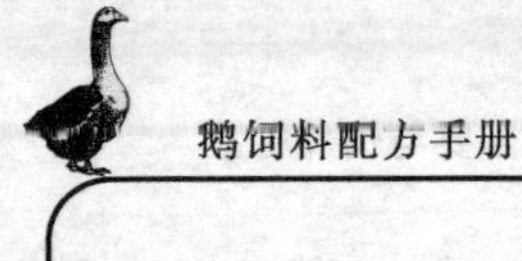

续表

营养成分	雏鹅	小鹅	中鹅	后备中鹅（或休产）	在产种鹅（或预备期）
异亮氨酸/%	0.6～0.64	0.6～0.64	0.57～0.61	0.63～0.67	0.71～0.76
苯丙氨酸/%	0.61～0.65	0.61～0.65	0.60～0.64	0.64～0.68	0.70～0.74
苯丙氨酸+酪氨酸/%	1.0～1.3	1.0～1.3	1.0～1.3	1.17～1.21	1.27～1.31
苏氨酸/%	0.51～0.55	0.51～0.55	0.51～0.55	0.54～0.58	0.59～0.63
缬氨酸/%	0.70～0.74	0.70～0.74	0.67～0.71	0.72～0.76	0.78～0.82
甘氨酸/%	0.69～0.73	0.69～0.73	0.62～0.66	0.73～0.77	0.79～0.83
维生素					
维生素A/(毫克/千克)	8800～9200	8800～9200	8800～9200	6700～6800	8800～9200
维生素D/(毫克/千克)	1850～2150	1850～2150	1850～2150	1400～1600	1900～2100
维生素E/(毫克/千克)	25.2～25.6	23.4～24.0	24.2～25.0	36.5～37.5	42.2～43.0
维生素K_3/(毫克/千克)	3.8～4.2	3.8～4.2	3.8～4.2	2.8～3.2	3.8～4.2
维生素B_1/(毫克/千克)	7.6～7.7	7.0～7.5	6.5～7.0	6.5～7.0	7.0～8.0
维生素B_2/(毫克/千克)	7.8～8.1	7.85～8.15	7.3～7.8	6.3～6.7	7.6～7.8
维生素B_3/(毫克/千克)	21.4～22.0	22～23	19.1～19.8	18.5～20	21～22.5
维生素B_7/(毫克/千克)	0.20～0.24	0.20～0.24	0.16～0.20	0.19～0.23	0.20～0.21
维生素B_5/(毫克/千克)	88～90	95～97	78～80	82～86	58～62
维生素B_6/(毫克/千克)	11.2～11.8	11.0～11.5	11.0～11.5	10.0～10.4	11.0～11.4
维生素B_{11}/(毫克/千克)	2.26～2.34	1.96～2.08	1.9～2.0	1.86～1.92	2.30～2.34
维生素B_{12}/(毫克/千克)	0.02～0.022	0.02～0.022	0.02～0.022	0.012～0.020	0.02～0.023
胆碱/(毫克/千克)	1240～1300	1120～1200	1000～1050	1150～1250	1460～1600
微量元素					
氯/(毫克/千克)	780～820	780～820	780～820	780～820	780～820
锰/(毫克/千克)	87.5～89.0	90.5～91.5	78.5～80.0	90.1～90.7	87～90
锌/(毫克/千克)	85～87	90～92	75～77	89～91	90～92
铁/(毫克/千克)	49～51	49～51	49～51	49～51	49～51
铜/(毫克/千克)	11.3～11.8	10.8～11.3	9.5～10.1	11.0～11.4	11.2～11.8
钴/(毫克/千克)	0.18～0.22	0.18～0.22	0.18～0.22	0.18～0.22	0.18～0.22
硒/(毫克/千克)	0.30～0.36	0.33～0.4	0.25～0.29	0.33～0.37	0.31～0.35
碘/(毫克/千克)	0.35～0.39	0.36～0.40	0.36～0.40	0.36～0.40	0.36～0.40

表 3-10　种鹅的日粮营养含量

营养成分	育雏（0～3 周龄）	生长（4～6 周龄）	保持(7 周龄至开始增加光照)	种鹅（成年）
代谢能/(兆焦/千克)	2850	3950	2600	2750
粗蛋白质/%	21.00	17.0	14.0	15.0
钙/%	0.85	0.75	0.75	2.8
有效磷/%	0.40	0.38	0.35	0.38
钠/%	0.17	0.17	0.16	0.16
蛋氨酸/%	0.48	0.40	0.25	0.38
蛋氨酸+胱氨酸/%	0.85	0.66	0.48	0.64
赖氨酸/%	1.05	0.90	0.60	0.66
苏氨酸	0.72	0.62	0.48	0.52
色氨酸/%	0.21	0.18	0.14	0.16

表 3-11　种鹅日粮维生素和微量元素

维生素	含量	维生素	含量
维生素 A/(国际单位/千克)	7000	维生素 B_1/(毫克/千克)	1.0
维生素 D_3/(国际单位/千克)	2500	叶酸/(毫克/千克)	1.0
维生素 E/(国际单位/千克)	40.0	胆碱/(毫克/千克)	200
维生素 K_3/(国际单位/千克)	2.0	铜/(毫克/千克)	8.0
烟酸/(毫克/千克)	40.0	碘/(毫克/千克)	0.4
泛酸(毫克/千克)	5.0	铁/(毫克/千克)	40
吡哆醇/(毫克/千克)	3.0	锰/(毫克/千克)	50
维生素 B_2/(毫克/千克)	6.0	锌/(毫克/千克)	60
维生素 B_{12}/(微克/千克)	10.0	硒/(毫克/千克)	0.3
生物素/(毫克/千克)	100		

注：育雏（0～3 周龄）和生长（4～6 周龄）日粮规格也适用于肉用鹅。

表 3-12 肉用鹅的饲养标准

营养成分	0～3 周龄	4～8 周龄	9 周龄至上市	维持饲养期	产蛋鹅
代谢能/(兆焦/千克)	11.53	11.08	11.91	10.38	11.53
粗蛋白质/%	20.0	16.5	14.0	13.0	17.5
粗纤维/%	4	5	6	7	5
钙/%	1.0	0.9	0.9	1.2	3.2
有效磷/%	0.45	0.40	0.40	0.45	0.50
赖氨酸/%	1.0	0.85	0.70	0.50	0.60
蛋氨酸/%	0.43	0.40	0.31	0.24	0.28
蛋氨酸+胱氨酸/%	0.70	0.80	0.60	0.45	0.50
色氨酸/%	0.21	0.17	0.15	0.12	0.13
精氨酸/%	1.15	0.98	0.84	0.57	0.66
亮氨酸/%	1.49	1.16	1.09	0.69	0.80
异亮氨酸/%	0.80	0.62	0.58	0.48	0.55
苯丙氨酸/%	0.75	0.60	0.55	0.36	0.41
苏氨酸/%	0.73	0.65	0.53	0.48	0.55
缬氨酸/%	0.89	0.70	0.65	0.53	0.62
甘氨酸/%	1.00	0.90	0.77	0.70	0.77
维生素					
维生素 A/(毫克/千克)	1500	1500	1500	1500	1500
维生素 D/(毫克/千克)	3000	3000	3000	3000	3000
胆碱/(毫克/千克)	1400	1400	1400	1400	1400
维生素 B_2/(毫克/千克)	5.0	4.0	4.0	4.0	5.5
泛酸/(毫克/千克)	11.0	10.0	10.0	10.0	12.0
维生素 B_{12}/(毫克/千克)	12.0	10.0	10.0	10.0	12.0
叶酸/(毫克/千克)	0.5	0.4	0.4	0.4	0.5
生物素/(毫克/千克)	0.2	0.1	0.1	0.15	0.2
烟酸/(毫克/千克)	70.0	60.0	60.0	50.0	75.0
维生素 K_3/(毫克/千克)	1.5	1.5	1.5	1.5	1.5
维生素 E/(毫克/千克)	20	20	20	20	20

续表

营养成分	0～3周龄	4～8周龄	9周龄至上市	维持饲养期	产蛋鹅
维生素 B_1/(毫克/千克)	2.2	2.2	2.2	2.2	2.2
吡哆醇/(毫克/千克)	3.0	3.0	3.0	3.0	3.0
微量元素					
锰/(毫克/千克)	100				
铁/(毫克/千克)	96				
铜/(毫克/千克)	5				
锌/(毫克/千克)	80				
硒/(毫克/千克)	0.3				
钴/(毫克/千克)	1.0				
钠/(毫克/千克)	1.8				
钾/(毫克/千克)	2.4				
碘/(毫克/千克)	0.42				
镁/(毫克/千克)	600				
氯/(毫克/千克)	2.4				

表 3-13　肉仔鹅营养推荐标准

营养成分	0～3周龄	4～8周龄	9周龄至上市
代谢能/(兆焦/千克)	11.5	11.8	12.0
粗蛋白质/%	20.0	18.0	16.0
粗纤维/%	5.0	7.0	8.0
钙/%	1.0	1.0	0.8
磷/%	0.7	0.7	0.65
盐/%	0.4	0.4	0.4
赖氨酸/%	1.0	0.86	0.8
蛋氨酸+胱氨酸/%	0.6	0.6	0.5
维生素 A/(国际单位/千克)	1500	1500	1500
维生素 D/(国际单位/千克)	200	200	200
胆碱/(毫克/千克)	1500	1000	1000
烟酸/(毫克/千克)	65.0	40.0	40.0
锰/(毫克/千克)	50	50	50
锌/(毫克/千克)	50	50	50

第四章　鹅饲料的配制方法

第一节　配合饲料概述

一、概念

配合饲料指根据动物的不同生长阶段、不同生理要求、不同生产用途的营养需要以及以饲料营养价值评定的实验和研究为基础，按科学配方把不同来源的饲料以一定比例均匀混合，并按规定的工艺流程生产，以满足各种实际需求的混合物。根据其全价性可以分为全价配合饲料和非全价配合饲料。前者单独饲喂鹅时，完全可以满足鹅的营养需要；后者必须与其他饲料共同使用才能满足鹅的全部营养需要。

二、组成

全价配合饲料由多种类饲料组成，主要是能量饲料、蛋白质饲料、常量矿物质饲料、微量矿物质饲料、维生素饲料和各种非营养性添加剂。

由于工业生产程序和方法的制约，配合饲料的生产一般需要经过多道工序才能完成，这样就出现了许多配合饲料生产过程中的中间产品，如添加剂预混料和浓缩饲料。

添加剂预混料是指由一种或多种饲料添加剂与载体或稀释剂按科学配方生产的均匀混合物。载体是一种接受和承载活性微量组分的可食物质，由于这些物质表面有皱褶或小的孔洞，通过均匀混合，活性组成的颗粒就被吸附在这些载体上，从而改变这些活性组分的物理性质，砻糠粉、小麦细麸、大豆皮粉就是典型的载体；稀释剂仅仅是混合到微量组分中用以稀释其浓度的物料。均匀混合微量组分的物理特性并不发生明显的变化，玉米粉、石粉等就是常用的稀释剂。由于预混合饲料使用渠道的不同，一般可分为如下四种：

第一种是高浓度单项预混剂。高浓度单项预混剂这类产品是由化工厂或药厂直接生产的商品性预混合饲料。在高浓度的添加剂中，微量矿物质多以纯品出售。唯一例外的是硒，出于安全的原因，规定必须将硒制成浓度低于0.02%的硒预混料，才能在饲料中使用。例如，罗氏公司的硒预混料是以砻糠粉作载体，以水溶液喷布工艺制成；而王子公司的硒预混料则是以碳酸钙作载体的粉状预混合物。

维生素及药物等因用量很少，为使配料方便，特别是为了克服其稳定性、静电、吸潮等问题，也常需要添加某些稳定剂及防结块剂等，并添加大量载体与稀释剂制成不同浓度的预混剂。

第二种是微量矿物质预混料。为了防止微量元素与维生素发生化学作用而影响维生素的效价，一般饲料厂多采用微量矿物质预混料与维生素预混料分别添加的方法。微量矿物质预混料一般均制成高浓度的产品，通常按0.5%的配合比例加入全价配合饲料中。在这种高浓度的产品中，各种微量元素的盐类占50%以上，载体和稀释剂多为碳酸钙，在50%以下，其他还有少量的矿物油等辅助剂。

第三种是维生素预混合料。在国内外市场上，除了前面提到的高浓度单项预混剂外，还有将若干种维生素混合在一起的维生素预混料，即所谓“多维预混剂”。这类预混合饲料除了载体和稀释剂以外，一般还加有抗氧化剂。

第四种是综合性预混合饲料。某些微量元素，特别是它们的硫酸盐，在与维生素接触后会使维生素失效，时间越长，浓度越高，包装越小，则维生素的损失越大。因此，少数饲料厂采用维生素预混料和微量矿物质预混料分别包装，到加工全价配合饲料时再临时混合的办法，最常见的做法是加工全价配合饲料时，分别加入维生素预混料、微量元素预混料及某些药物预混料各0.5%。

在许多情况下大多数公司都生产一些将维生素与微量元素加在一起的预混合饲料，生产这种产品常要超量添加一些易损失的维生素，以保证使用时的效价。还有一些公司为了方便使用，生产一些组分较齐全、浓度较稀的综合性预混合饲料。这类预混合饲料中既包括维生素和微量矿物质，也包括某些常量矿物质与氨基酸等营养性添加剂，再加上较多的载体与稀释剂。用户购进这种预混合饲料后，与本场生产的玉米、豆饼等主料混合，并根据畜禽的不同，还要再加一定数量的碳酸钙、食盐等常量成分相混合，即可制成全价饲料。

目前，在全价配合饲料中常要添加几十种添加剂，而每种添加剂的用量较小，大多以百万分之几来计算，如果在饲料厂中分别以纯品添加，则在精确称量配料、混合均匀及保证性能与效价方面均存在复杂的问题，为此，必须事先制成各种不同浓度、不同要求的预混合饲料。使用预混合饲料具有下列优点：一是配料速度快，精度高，混合均匀度好；二是配好的添加剂预混料能克服某些添加剂稳定性不好、静电效应及吸湿结块等问题；三是有利于标准化，如各种添加剂活性的表示，各类药物、微量元素的使用浓度等均可标准化，便于配合饲料的生产与应用。

浓缩饲料是配合饲料生产过程的另一种中间产品，它是由添加剂预混料、蛋白质饲料、钙、磷及食盐等矿物质饲料按照一定科学配方生产的均匀混合物，它与能量饲料共同组成全价配合饲料。

全价配合饲料的生产过程见图 4-1。

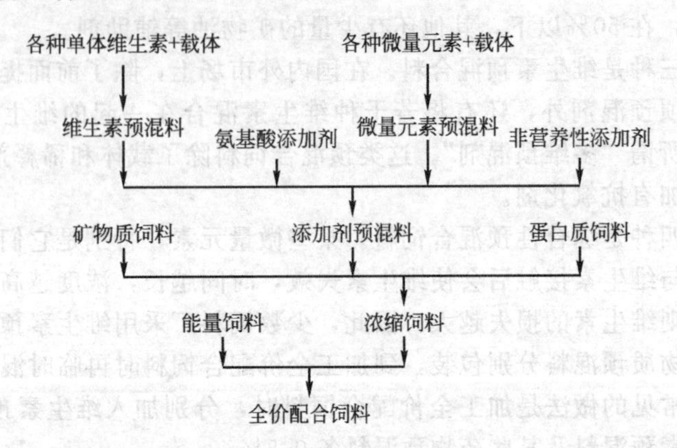

图 4-1　全价配合饲料的生产过程

三、形态分类

（一）按营养成分划分

1. 全价配合饲料

全价配合饲料是指能满足鹅所需要的全部营养（粗纤维、能量、蛋白质、矿物质和维生素等）的配合饲料。

这种饲料包括粗饲料（干草、叶粉等）、能量饲料（谷物、糠麸等）、蛋白质饲料（饼粕、鱼粉等）、矿物质饲料（石粉、食盐等）以及各种饲料添加剂（微量元素、维生素、氨基酸、促生长剂、抗氧化剂等），按鹅饲料标准中规定的营养需要量配制的，不需加任何成分即可直接饲喂。全价配合饲料饲喂效果较好，可保证鹅营养均衡、全价，直接降低成本，获得较高的经济效益。

2. 浓缩饲料

浓缩饲料是指以蛋白质饲料为主，加上常量矿物质饲料（钙、磷、食盐）、维生素和添加剂预混料配制而成的混合饲料。浓缩饲料是我国的习惯叫法，而美国称为平衡用配合饲料，泰国则叫料精。浓缩饲料是一种半成品料，按一定比例与能量饲料配合后就构成了鹅的全价饲料。一般浓缩饲料占精料补充料的20%～40%。

3. 预混合饲料

为了把微量的饲料添加剂均匀混合到配合饲料中方便用户使用，将一种或多种微量的添加剂原料与稀释剂或载体按要求配比均匀混合而成的产品称为添加剂预混合饲料，简称预混料。目的是有利于微量的原料均匀分散于大量的配合饲料中。预混合饲料是半成品，不能直接饲喂动物。一般添加剂预混料占精料补充料的0.5%～4%。

载体指能够接受和承载粉状活性成分的可饲物料。稀释剂是掺入到一种或多种微量添加剂中起稀释作用的物料。预混合饲料可视为配合饲料的核心，因其含有的微量活性组分常是配合饲料饲用效果的决定因素。从生产实际看，该类饲料可分为复合预混合饲料、微量元素预混合饲料、维生素预混合饲料三类。添加剂预混合饲料应具有高度的分散性、均质性和散落性。微量元素添加剂和维生素添加剂不要配在一起，微量元素可使维生素受到破坏而失效，因而要单独存放。添加剂预混合饲料贮藏保管要避光、热、潮，并在生产后的1个月内使用完，最长不超过3个月。

（二）按饲料形状分类

1. 粉状饲料

粉状饲料指按要求将饲料原料粉碎到一定的细度，再按一定比例均匀混合的一种料形。生产中粉料是普遍使用的一种料形，其生产设备及工艺较简单，加工成本低，饲喂方便、安全、可靠，但容易引起挑食，浪费较多，运输中易产生分级现象。粉料的颗粒大小应根据畜禽种类、年龄而定。雏鹅 1.0 毫米，中、大鹅 2.0 毫米，成年鹅 2.0～2.5 毫米。

2. 颗粒饲料

颗粒饲料指将均匀混合的粉状饲料通过蒸汽加压处理制成的颗粒状饲料。颗粒料密度大、体积小、便于运输和贮存、适口性好，动物采食量高，可避免挑食，减少浪费，提高了饲料的利用率，保证了饲料的全价性，并且制粒过程破坏了饲料中的有毒有害成分，起到消毒杀菌的作用。但也存在成本高及加工过程中维生素、酶和赖氨酸效价降低等缺点。随着养鹅集约化和规模化的发展，颗粒料也必将得到普遍应用。目前，此料形主要用于肉鹅生产。

颗粒饲料的直径依动物种类和年龄而异。我国一般采用的饲料直径范围是：肉鹅 2.2～2.5 毫米，成鹅 3.5～4.5 毫米。颗粒饲料的长度一般为其直径的 1～1.5 倍。

3. 碎粒料

用机械方法将颗粒饲料破碎、加工成细度为 2～4 毫米的碎料。其特点与颗粒饲料相同。因畜禽采食碎粒料速度稍慢，故不致采食过多而过肥。

4. 膨化饲料

多用于水产动物，膨化饲料密度比水轻，可在水上漂浮一段时间。由于膨化饲料中的淀粉在膨化过程中已胶质化，增加了饲料在水中的稳定性，因此可减少饲料中水溶性物质的损失，保证了饲料的营养价值。由于膨化饲料可在水中漂浮，易于观察鱼采食情况，避免了投料不适。

（三）液体饲料

国外有些大型现代化养殖场为了需要和输送的方便，有时将配合饲料制成流体状。

第二节　预混料的配制方法

一、预混料的作用和特点

（一）作用

预混料是各种添加剂和载体稀释剂的混合物，具有重要作用：

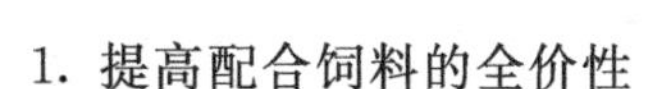

1. 提高配合饲料的全价性

通过添加剂的预混合，可以补偿和改进微量成分直接添加所表现出的不理想性，使微量成分在饲料中的分布更加均匀，提高配合饲料的全价性。

2. 降低生产成本

预混料中的微量成分对饲料的效用发挥起关键作用，通过预混合，可以简化一般饲料厂和养殖户饲料加工的工序，降低生产成本，提高配合饲料的质量。

（二）特点

预混料除具有各种添加剂、载体稀释剂的特性外，还具有如下特性：

1. 不能单独饲喂动物

它是配合饲料的半成品，一般在配合饲料中占到0.5%～5%的比例，必须与其他饲料原料配合才能发挥其作用。

2. 容易发生化学变化和活性成分的损失

由于各种活性成分浓度高以及理化特性不同，容易发生化学反应和活性成分的损失，因而加工使用过程中应注意选择合适的载体和稀释剂，采取合适的加工贮存条件，并及时使用，以保证其使用效果。

二、预混料配制的原则

（一）实效性

实效性是指所配制的预混料在饲养实践中必须有实际的效果。比如维生素添加剂必须满足畜禽对维生素的需求；促生长添加剂必须要具备能促进畜禽生长的功能。

（二）安全性

安全性是指按所配制的预混料在饲养实践中必须安全可靠。无论什么添加剂预混料，其安全性是首先要考虑的，因此必须注意：所选原料必须是国家法令批准使用的；所选原料要符合国家有关标准的规定；明确各种原料的添加量、最大用量及中毒剂量。

（三）经济性

生产出来的预混料，除实效性和安全性外，还必须考虑其经济性。在满足使用目的的前提下，尽量使成本降到最低。

三、预混料的配制方法

（一）维生素预混料配方设计

1. 配制维生素预混料的步骤

第一步：确定维生素预混料的品种和浓度。品种是指维生素预混料是通用型或专用型，是生产完全复合维生素预混料还是部分复合维生素预混料。浓度就是预混料在配合饲料中的用量，一般占配合饲料风干重的0.1%～1%。

第二步：确定预混料中要添加的维生素种类和数量。畜禽对维生素的需要量基本依据是饲养标准中的建议用量，通常为最低需要量。在生产实践中，常以最低需要量为基本依据，综合考虑畜禽品种、生产水平、环境条件、维生素制剂的效价与稳定性、加工贮存条件与时间、维生素制剂价格、畜禽产品质量、成本等因素，确定畜禽的最适需要量（表4-1）。最适需要量是在供给的数量上能保证实现：①最好或较好的生产成绩（高产、优质、低耗）；②良好的健康状况和抗病力；③最好的经济效益。

最适需要量＝最低需要量＋因素酌加量

表4-1　确定各种维生素添加量应考虑的重要影响因素

维生素	影响因素
维生素A	稳定性，维生素A源的转化率，日粮中亚硝酸盐、能量、脂肪和蛋白质水平，含脂饲料的类型
维生素D	受到日光照射的时间和强度，钙和磷的水平及两者的比例
维生素E	稳定性，维生素E的形式，抗氧化剂，拮抗物，硒和不饱和脂肪酸在日粮中的水平
维生素K	微生物的合成，可利用性，拮抗物，抗生素，磺胺类药物，应激
维生素B_1	稳定性，日粮中碳水化合物和硫的水平，硫胺素酶，药物，温度
维生素B_2	稳定性，日粮中能量和蛋白质水平，抗生素，磺胺类药物，空气温度
烟酸	饲料的可利用性，日粮中色氨酸水平，温度
维生素B_6	日粮中能量和蛋白质水平，拮抗物（亚麻籽），磺胺类药物
泛酸	稳定性，温度，抗生素，磺胺类药物
生物素	饲料的可利用性，日粮中硫的水平，拮抗物

续表

维生素	影响因素
叶酸	拮抗物，抗生素，磺胺类药物
维生素 B_{12}	日粮中钴的水平，蛋氨酸的水平，叶酸和胆碱的水平
胆碱	日粮中能量和蛋氨酸的水平
维生素 C	稳定性，应激

第三步：确定各种维生素的安全系数。为保证满足需要，在设计配方时往往在需要量的基础上再增加一定数量，即“安全裕量”（以“安全系数”进行计算）。安全系数见表 4-2。

表 4-2　各种维生素产品的安全系数

维生素	安全系数/%	维生素	安全系数/%	维生素	安全系数/%
维生素 A	20	维生素 B_1	5～10	叶酸	10～15
维生素 D	20	维生素 B_2	10	烟酸	1～3
维生素 E	10	维生素 B_6	10	泛酸钙	2～5
维生素 K_3	20	维生素 B_{12}	20	维生素 C	20

第四步：确定维生素的最终添加量。

$$添加量=需要量\times(1+安全系数)$$

第五步：确定维生素原料、载体和用量。

第六步：确定预混料中各种维生素、载体的用量。

第七步：对所设计的配方进行复核，并对其进行较详细的注释。

2. 预混料配方设计举例

【例 1】 设计 0～3 周龄的肉鹅维生素预混料配方。

维生素预混料配方设计和计算见表 4-3。

（二）微量元素预混料配方设计

1. 微量元素预混料配方设计方法

第一步：确定微量元素的添加种类。一般以饲养标准中的营养需要量为基本依据，同时考虑地区性的缺乏或高含量，某些元素的特殊作用，如碘、硒的缺乏，高铜的促生长效果，不同动物、不同阶段对微量元素的种类要求不同。

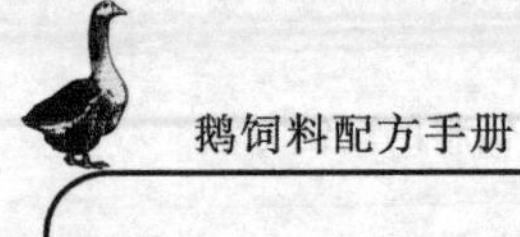

表 4-3 0～3 周龄的肉鹅维生素预混料配方设计和计算

（用量：占配合饲料干重 0.2%）

组分	饲养标准/（毫克/千克）	拟定添加量/（毫克/千克）	安全系数	加安全裕量后的用量/（毫克/千克）	原料规格	原料用量/（毫克/千克）	每吨预混料中用量/千克
维生素 A	15000国际单位	17000	3	17500	50 万国际单位/克	35.0	17.50
维生素 D_3	3000国际单位	3200	7	3350	30 万国际单位/克	11.12	5.56
维生素 E	20国际单位	25	2	25.5	50%	51	25.5
维生素 K_3	0.5	0.7	7	0.75	95%	0.789	0.3945
硫胺素（维生素 B_1）	2.2	2.5	7	2.7	98%	2.755	1.3775
核黄素（维生素 B_2）	5.0	5.5	5	5.3	98%	5.408	2.704
吡哆醇（维生素 B_6）	3	4	6	4.3	83%	5.181	2.5905
维生素 B_{12}	12.0（微克）	13.0（微克）	6	13.8	1%	1380（微克）	0.69
泛酸钙	11	13	3	13.4	98%	15.765	7.8825
烟酸	70	80	2	81.6	98%	83.265	40.633
叶酸	1	1.2	8	1.3	98%	1.33	0.665
生物素	0.2	0.5	5	0.53	1%	53	26.5
抗氧化剂							1.5
载体							866.503
合计							1000

第二步：确定微量元素的需要量

添加量＝饲养标准中规定的需要量－基本饲粮中的相应含量

若基础饲粮中含量部分不计，则：

添加量＝饲养标准中规定的需要量

此外，添加量的确定还应考虑以下因素：

(1) 各种微量元素的生物学效价　对微量元素添加剂原料的有效成分含量、利用率、有害杂质含量以及细度都应该进行考虑，各种微量元素添加剂有害成分含量以及卫生标准必须符合国家标准。此外，预混料中各微量元素的含量不应超过畜禽的最大耐受标准，以防止动物中毒的发生。

(2) 各种微量元素的添加量和最大用量（安全用量）见表4-4。

表4-4　饲料中微量元素的添加量和最大用量

元素	需要量/(毫克/千克)	最大用量/(毫克/千克)
铁	牛 40～60	1000
	绵羊 30～40	500
	猪 50～120	3000
	禽 40～80	1000
铜	产犊母牛 4～8	30
	牛 5～15	100
	绵羊 5～6	15
	仔猪、猪 10～20	250
	禽 3～4	300
钴	牛 0.1～0.2	30
	羊 0.1～0.2	50
	猪 0.1	50
	禽—	20

续表

元素	需要量/(毫克/千克)	最大用量/(毫克/千克)
碘	牛 0.2～0.5	20
	羊 0.2～0.4	50
	猪 0.1～0.2	400
	禽 0.3～0.4	300
锰	牛 40～100	1000
	羊 30～40	1000
	猪 30～50	400
	禽 40～60	1000
锌	牛 50～100	400
	羊 50～60	300
	猪 30～80	1000
	禽 50～60	1000
硒	牛、羊 0.1～0.2	3
	猪、禽 0.1～0.2	4
钼	牛 0.5～1	6
	羊 0.5～1	10
	猪<1	>20
	禽<1	100

(3) 各种矿物质元素相互间的干扰及相互间的合理比例　微量元素间存在着协同和拮抗作用，例如在配制微量元素预混料配方时，需要使用大量的钙，而钙影响锌和锰的吸收，因而要增大锌和锰在配方中的用量；而锌、铜、锰都影响铁的吸收，且锌、铜之间又相互拮

抗。在高铜日粮中如果锌、铁缺乏，可引起中毒症状，如果同时提高锌、铁的添加量则不引起中毒。锌与铁、氟与碘、铜与钼有拮抗作用；铜与锌、锰也有拮抗作用，各种矿物质元素间的相互干扰作用关系参见表 2-37。

第三步：选择适宜的原料并计算原料使用量。一般选用生物学效价高、稳定性好、便于粉碎和混合、价格比较低廉的原料，并将所需微量元素折算成所选原料的重量。

商品原料量＝某微量元素需要量÷纯品中该元素含量÷商品原料纯度

常用矿物质饲料中的元素含量见表 4-5。

表 4-5 常用矿物质饲料中的元素含量

矿物质元素	矿物质饲料	化学式	矿物质含量
钙	碳酸钙	$CaCO_3$	Ca＝40％
	石灰石粉		Ca＝34％～38％
钙、磷	煮骨粉		P＝11％～12％；Ca＝24％～25％
	蒸骨粉		P＝13％～15％；Ca＝31％～32％
	磷酸氢二钠	$Na_2HPO_4 \cdot 12H_2O$	P＝8.7％；Na＝12.8％
	亚磷酸氢二钠	$Na_2HPO_3 \cdot 5H_2O$	P＝14.3％；Na＝21.3％
	磷酸钠	$Na_3PO_4 \cdot 12H_2O$	P＝8.2％；Na＝12.1％
	磷酸氢钙	$CaHPO_4 \cdot 12H_2O$	P＝18.0％；Ca＝23.2％
	磷酸钙	$Ca_3(PO_4)_2$	P＝20.0％；Ca＝38.7％
	过磷酸钙	$Ca(H_2PO_4)_2 \cdot H_2O$	P＝24.6％；Ca＝15.9％
钠、氯	氯化钠	NaCl	Na＝39％；Cl＝60.3％
铁	硫酸亚铁	$FeSO_4 \cdot 7H_2O$	Fe＝20.1％
	碳酸亚铁	$FeCO_3 \cdot H_2O$	Fe＝41.7％
	碳酸亚铁	$FeCO_3$	Fe＝48.2％
	氯化亚铁	$FeCl_2 \cdot 4H_2O$	Fe＝28.1％
	氯化铁	$FeCl_3 \cdot 6H_2O$	Fe＝20.7％

续表

矿物质元素	矿物质饲料	化学式	矿物质含量
硒	亚硒酸钠	Na_2SeO_3	Se=45.7%
	硒酸钠	$Na_2SeO_4 \cdot 10H_2O$	Se=21.4%
铜	硫酸铜	$CuSO_4 \cdot 5H_2O$	Cu=25.5%
	硫酸铜(碱式)	$CuSO_4 \cdot Cu(OH)_2 \cdot H_2O$	Cu=53.2%
	硫酸铜(碱式)	$CuSO_4 \cdot Cu(OH)_2$	Cu=57.5%
	氯化铜(绿色)	$CuCl_2 \cdot 2H_2O$	Cu=37.3%
	氯化铜(白色)	$CuCl_2$	Cu=64.2%
锰	硫酸锰	$MnSO_4 \cdot 2H_2O$	Mn=22.8%
	碳酸锰	$MnCO_3$	Mn=47.8%
	氧化锰	MnO	Mn=77.4%
	氯化锰	$MnCl_2 \cdot 4H_2O$	Mn=27.8%
锌	碳酸锌	$ZnCO_3$	Zn=52.1%
	硫酸锌	$ZnSO_4 \cdot 7H_2O$	Zn=22.7%
	氧化锌	ZnO	Zn=80.3%
	氯化锌	$ZnCl_2$	Zn=48%
碘	碘化钾	KI	I=76.4%

注：本表来源于国家鸡的饲养标准。

第四步：确定微量元素预混料的浓度。浓度就是预混料在配合饲料中的用量。根据原料细度、混合设备条件、使用情况等因素确定预混料在全价饲料中的用量，一般选用的载体有碳酸钙、白陶土粉、沸石粉、硅藻土粉等。微量元素预混料的浓度一般占全价配合饲料的0.5%～1%。

第五步：计算载体的用量和各种微量元素商品原料的百分比。

2. 配方设计举例

【例 2】 设计 0～3 周龄的肉鹅微量元素预混料配方。

(1) 查饲养标准，得出 0～3 周龄的肉鹅微量元素需要量，见表4-6。

表 4-6　0～3 周龄肉鹅微量元素需要量

所需元素种类	需要量/(毫克/千克)	所需元素种类	需要量/(毫克/千克)
铁	96	锰	100
铜	5	碘	2.4
锌	80	硒	0.3

(2) 计算所需元素添加量　基础饲粮中各种微量元素的含量作为“安全裕量”，直接将需要量作为添加量。

(3) 选择适宜的微量元素添加剂原料，并将所需微量元素折合为市售商品原料量，见表 4-7。

表 4-7　微量元素折合为市售商品原料量

元素种类	需要量/(毫克/千克)	添加原料	纯品中含量/%	商品所含纯度/%	商品原料量/毫克
铁	96	七水硫酸亚铁	20.1	98	487.36
铜	5	五水硫酸铜	25.5	98	20.0
锌	80	七水硫酸锌	22.7	98	359.62
锰	100	二水硫酸锰	25.4	98	401.74
碘	2.4	碘化钾	76.4	98	3.21
硒	0.3	亚硒酸钠	45.7	98	0.67

商品原料量计算示例：七水硫酸亚铁添加量＝96÷20.1%÷98%＝487.36。

(4) 确定预混料中的使用剂量　假定使用量为 1%，载体采用轻质钙粉，则计算出 1000 千克预混料中所需要各种原料的质量（见表 4-8)，此配方即为 0～3 周龄的肉鹅 1%微量元素预混料配方。

表 4-8　0～3 周龄的肉鹅 1%微量元素预混料配方

商品原料	数量/(毫克/千克)	比例/%	1000 千克预混料中的质量/千克
硫酸亚铁	487.36	4.8736	48.736
硫酸铜	20.0	0.20	2.0
硫酸锌	359.62	3.5962	35.962
硫酸锰	401.74	4.0174	40.174

续表

商品原料	数量/(毫克/千克)	比例/%	1000千克预混料中的质量/千克
碘化钾	3.21	0.0321	0.321
亚硒酸钠	0.67	0.0067	0.067
轻质碳酸钙		87.274	872.74
合计		100	1000

（三）复合预混料添加剂配方设计

1. 复合预混料添加剂配方设计方法

第一步：根据动物种类和生理状况等因素查相应的饲养标准，确定各种微量组分的总含量。

第二步：查营养价值成分表，计算出基础日粮中各种微量组分的总含量。

第三步：计算所需微量组分的添加量。

第四步：确定预混料的添加比例。

第五步：选择适宜的载体，根据使用剂量，计算出所用载体量。

第六步：写出复合预混料的配方，并对其进行详细的注释，请主管技术人员签字。

2. 举例

【例3】 设计种鹅3%的复合预混料（该复合添加剂预混料包含微量元素、氨基酸、杆菌肽锌和抗氧化剂等有效成分）。

第一步：确定微量元素预混料的用量和配方。设微量元素预混料在全价料中的用量为0.3%，根据种鹅饲养标准表、原料用量（原料用量＝添加量÷原料纯度÷元素含量）、载体用量［微量元素预混料质量3000毫克（1千克×0.3%）－各微量元素用量之和］、在预混料中含量（原料用量÷混合质量），最后得出配方（见表4-9）。

表4-9 微量元素配方设计

原料	营养需要/(毫克/千克)	原料含量	原料用量/(毫克/千克)	预混料中含量/(克/千克)	微量元素预混料配方/%
七水硫酸亚铁	40	20.1%×98%	203.1	67.7	6.77
七水硫酸锌	60	22.7%×98%	269.7	89.9	8.99

续表

原料	营养需要/(毫克/千克)	原料含量	原料用量/(毫克/千克)	预混料中含量/(克/千克)	微量元素预混料配方/%
五水硫酸铜	8.0	25.5%×98%	32.0	10.67	1.067
五水硫酸锰	50	22.8%×98%	223.77	74.59	7.459
碘化钾	0.4	76.4%×98%	0.53	0.18	0.018
亚硒酸钠	0.3	30.0%×98%	1.02	0.34	0.034
载体			2269.88	756.62	75.662
合计				1000	100

第二步：确定维生素预混料的用量和配方。设维生素预混料在全价料中的用量为0.1%，根据种鹅的饲养标准表、用量（用量＝添加量/原料规格）、载体用量[维生素预混料质量1000毫克（1千克×0.1%）－各微量元素用量之和]、预混料含量（用量÷混合质量），最后得出配方（表4-10）。

表4-10　维生素配方设计

原料	营养需要	有效成分	原料用量/(毫克/千克)	预混料中含量/%	预混料配方/%
维生素A乙酸酯	7000国际单位	50万国际单位/克	15.0	1.5	1.5
维生素D_3	2500国际单位	30万国际单位/克	9.33	0.933	0.933
DL-维生素E乙酸酯	40毫克/千克	50%	80	8.0	8.0
维生素K	2毫克/千克	50%	4	0.4	0.4
维生素B_2	6毫克/千克	96%	6.8	0.68	0.68
维生素B_6	3毫克/千克	98%	3.1	0.31	0.31
维生素B_{12}(氰钴胺)	0.01毫克/千克	0.5%	2.1	0.21	0.21
叶酸	0.3毫克/千克	98%	0.36	0.036	0.036
烟酸	40毫克/千克	100%	50.0	5.0	5.0
泛酸钙	5毫克/千克	98%	5.61	0.561	0.561
生物素	10毫克/千克	2%	500	50.0	50.0
载体			323.7	32.37	32.37
合计					100

第三步：确定氨基酸和抗氧化剂的添加量及原来用量。经过计算，添加量与用量如表4-11。

表4-11 氨基酸等添加剂的添加量及原料用量

原料种类	在全价料中添加量	有效成分含量/%	在全价饲料中的用量/%
L-赖氨酸	0.1%	78	0.13
DL-蛋氨酸	0.08%	85	0.094
杆菌肽锌	40毫克/千克	10	0.04
抗氧化剂	0.02%	100	0.02
合计			0.284

第四步：确定复合添加剂预混料的用量，选择载体并计算用量。复合预混料在全价饲料中的添加量为3%，载体用谷糠。则：载体用量（%）＝复合添加剂的用量－(微量元素预混料用量＋维生素预混量用量＋氨基酸等添加剂的用量)＝3%－(0.3%＋0.1%＋0.284%)＝2.316%。

第五步：整理出复合添加剂预混料配方（表4-12)。

组分在预混料中用量＝组分在全价饲料中中用量÷3%

表4-12 复合添加剂预混料配方

组分	在全价饲料中用量/%	在预混料配方中用量/%
微量元素预混料	0.3	10.0
复合维生素预混料	0.1	3.34
L-赖氨酸	0.13	4.34
DL-蛋氨酸	0.094	3.13
杆菌肽锌	0.03	1.00
抗氧化剂	0.02	0.67
谷糠	2.326	77.52
合计	3.0	100

3. 复合预混料配方设计的注意事项

(1) 减少损失　防止和减少有效成分的损失，以保证预混料的稳定性和有效性。在选择预混料的原料时，宜选择经过稳定化处理的维生素原料；由于硫酸盐的吸收利用率一般较高，所以微量元素原料选择硫酸盐的形式，而且最好使用结晶水少的或经过烘干处理的原料；由于氯化胆碱会破坏其他维生素的活性，所以其用量应控制在20%以下，或单独添加；预混料中应选择较好的抗氧化剂、抗结块剂及防霉剂等，一般抗氧化剂的添加量为0.015%～0.05%；在复合预混料中，维生素应超量添加。表4-13中给出了需要超量添加的维生素种类及超量添加量。

表4-13　需要超量添加的维生素种类及超量添加量

种类	超量添加量	种类	超量添加量
维生素A	15%～50%	维生素B_6	10%～15%
维生素D	15%～40%	维生素B_{12}	10%
维生素E	20%	叶酸	10%～15%
维生素K	2～4倍	烟酸	5%～10%
维生素B_1	10%～15%	泛酸钙	5%～10%
维生素B_2	5%～10%	维生素C	10%～20%

（2）氨基酸的添加　在商品预混料中，肉鹅预混料中多添加赖氨酸，种鹅预混料中多添加蛋氨酸和赖氨酸。作为饲料添加剂使用时，赖氨酸一般用L-赖氨酸的盐酸盐，蛋氨酸为DL-蛋氨酸（人工合成）。

（3）微量组分的稳定性及各种微量组分间的关系　预混料中各微量组分的性质是稳定的，但是维生素的稳定性受到含水量、酸碱度和矿物质的影响。例如饲料中，含有磺胺类和抗生素时，维生素K的添加量将增加2～4倍；维生素E和硒在机体内具有相互协同作用，一定条件下，维生素E可以替代部分硒，但是硒不能代替维生素E。微量活性组分对动物的生长有很大影响，但自身相互间容易产生化学反应而影响其活性。所以在制作复合预混料时，应将微量元素预混料和维生素预混料单独包装备用，或加大载体和稀释剂的用量，同时严格控制预混料的含水量，最多不要超过5%。

（4）其他微量组分　抗氧化剂和防霉剂的添加，应根据当地状况及原料情况，正确选用抗氧化剂和防霉剂。药物添加剂应选择兽用抗生素，并且根据所选用药物严格把握添加量；还要考虑其耐药性及在动物体内的残留情况。

第三节　浓缩饲料的配制方法

一、浓缩饲料设计的基本原则

（一）满足或接近饲养标准原则

对于鹅浓缩饲料，按建议设计配方比例加入能量饲料或矿物质饲料后，总的营养水平应达到或接近动物的营养需要量，或是主要营养指标达到饲养标准的要求。一般应考虑的指标有能量、蛋白质、第一和第二限制性氨基酸、钙、非植酸磷、食盐等。

（二）依据鹅生长特点原则

根据鹅的品种、生长阶段、消化生理特点及生产性能、生产水平和季节等的要求，有针对性地设计不同种类或不同原料配比的浓缩饲料，以充分提高饲料的利用效率，发挥出鹅的优良生产性能。如果有条件可生产针对不同地区能量饲料的浓缩饲料，能更好地显示浓缩饲料的效果。

（三）比例适宜的原则

鹅浓缩饲料在全价配合饲料中所占比例以20％～40％为宜，为方便使用，最好使用整数的比例。当比例太低时，需要用户配合的原料种类增加，浓缩饲料生产厂家对终产品的质量控制范围减小，浓缩饲料吨成本显得过高；而比例过高时（如50％以上），又失去了浓缩的意义。因此，在配制鹅浓缩饲料时，既要有利于保证质量，又要充分利用当地资源及节约成本来确定配合比例。

（四）蛋白质饲料选用原则

由于目前我国动物性蛋白质饲料资源有限，大豆饼（粕）等优质植物性蛋白质原料供给尚且不足，可根据本地区实际情况及现有资源，使用适宜的蛋白质饲料原料。动物性蛋白质饲料如优质鱼粉一般可占15％以上，也可合理利用一些非常规蛋白质饲料原料，如棉籽饼、菜籽饼、肉骨粉、玉米蛋白粉等。为防止非常规原料用量过高造成鹅中毒或饲喂效果不佳，可用扩大饲料原料种类、降低每种饲料用量的方法来加以限制，同时考虑添加多种限制性氨基酸，使得蛋白质的各种氨基酸组成平衡。

（五）质量保护原则

生产鹅浓缩饲料的原料，除蛋白质原料、常量矿物质元素、复合预混合饲料外，还需加入适量的防霉剂或抗氧化剂，以及预防性药物、饲料原料改良剂（如植酸酶）等成分，水分应低于12.5%，以6%～8%为宜。另外，还应考虑浓缩饲料的感官指标，如粒度、气味、颜色、包装等，这些指标应根据当地市场特点和使用习惯加以考虑，做到受用户欢迎。

二、鹅浓缩饲料配方的设计方法

鹅浓缩饲料配方的设计方法有两种：一种是由全价配合饲料配方推算出浓缩饲料配方；另一种是根据用量比例或浓缩饲料标准单独设计浓缩饲料配方。

（一）由全价饲料配方推算出浓缩饲料配方

这是一种比较常见、直观且简单的方法，就是先行设计相应全价饲料配方，再根据产品具体要求，去掉全部或部分能量饲料（也可能去掉部分蛋白质饲料或矿物质饲料），将剩余各原料重新计算百分比，即可得到浓缩饲料配方。在换算中应注意浓缩饲料和能量饲料的比例最好为一个整数，以方便应用。例如浓缩饲料用量为40%、30%、25%，则添加能量饲料等原料相应为60%、70%、75%；也可根据实际情况做相应调整。其设计步骤如下：

第一步：根据当地饲料原料和营养标准配制鹅全价配合饲料配方。

第二步：确定浓缩饲料配方设计的系数。即用100%减去全价配合饲料中能量饲料（或能量饲料＋其他饲料）所占的百分比，这一值也是将来配制成的浓缩饲料的用量比。

第三步：用系数分别除浓缩饲料将使用的各种饲料占全价配合的百分比，得到所要配制的浓缩饲料配方。

第四步：列出配方，并计算出浓缩饲料的营养水平。

【例4】利用现已配制完成的0～4周龄雏鹅全价配合日粮配方，设计一个对应的浓缩饲料配方。

第一步：根据鹅饲养标准及饲料原料标准，设计全价饲料配方，如表4-14。

表 4-14 设计完成的全价饲料配方

原料名称	比例	营养物质	营养水平
玉米/%	41.34	代谢能/(兆焦/千克)	11.63
高粱/%	15.0	粗蛋白/%	21.8
麸皮/%	5.00	钙/%	0.82
大豆粕/%	29.46	有效磷/%	0.38
鱼粉/%	2.50	赖氨酸/%	1.23
肉骨粉/%	3.0	蛋氨酸/%	0.46
糖蜜/%	2.5	胱氨酸/%	0.32
油脂/%	0.30		
食盐/%	0.30		
磷酸氢钙/%	0.10		
0.5%预混料/%	0.5		

第二步：确定配合饲料中浓缩饲料的配比。如果确定能量饲料占60%，则浓缩饲料比例为40%。

第三步：计算浓缩饲料中各种原料的含量，见表4-15。

表 4-15 浓缩饲料中各种原料的含量

原料名称	浓缩饲料配比
玉米	1.34%÷40%×100%=3.35%
大豆粕	29.46%÷40%×100%=73.65%
鱼粉	2.5%÷40%×100%=6.25%
肉骨粉	3%÷40%×100%=7.5%
糖蜜	2.5%÷40%×100%=6.25%
油脂	0.3%÷40%×100%=0.75%
食盐	0.3%÷40%×100%=0.75%
磷酸氢钙	0.1%÷40%×100%=0.25%
0.5%预混料	0.5%÷40%×100%=1.25%

第四步：列出浓缩饲料配方并标出使用方法。

浓缩饲料配方为：玉米3.35%，大豆粕73.65%，鱼粉6.25%，肉骨粉7.5%，糖蜜6.25%，油脂0.75%，食盐0.75%，磷酸氢钙0.25%，0.5%预混料1.25%，合计100%。

使用方法：玉米40%，高粱15%，麸皮5%，浓缩饲料40%（按上述建议比例配制）混合均匀后饲喂。

（二）直接计算浓缩饲料配方

专门生产鹅浓缩饲料的厂家，都有自己的浓缩饲料营养水平数据库，可以直接计算浓缩饲料配方，此种方法包括以下两种情况：

1. 建立自己的浓缩饲料营养标准库

根据蛋白质、矿物质等饲料原料的供应情况、价格及相应市场常用能量饲料种类和需求、生产经验等，生产厂家制定出浓缩饲料的营养水平标准，建立自己的浓缩饲料营养标准数据库，与计算配合饲料配方方法一样，即在确定粗蛋白质、氨基酸、钙和磷等指标后，利用配方软件规划出最低成本浓缩饲料配方。鹅养殖户买到浓缩饲料后再根据厂家给出的不同配比建议进行应用或根据各营养成分的含量选择能量饲料的种类和配合数量。

这类浓缩饲料配方设计具有通用性，一般以鹅生长某一阶段为标准，其他阶段与之相互配合，通过不同配比来接近动物不同阶段的营养需要。

由于它的应用局限性，在此不做进一步介绍。

2. 根据用户需要确定能量饲料与浓缩饲料的比例

根据用户所有的能量饲料种类和数量，厂家确定浓缩饲料与能量饲料的比例，结合鹅饲养标准确定浓缩饲料各养分所应达到的水平，最后计算浓缩饲料的配方。

【例5】现以设计种鹅产蛋期浓缩饲料配方为例，说明其设计的方法和步骤。

第一步：确定能量饲料与浓缩饲料的比例。根据相应市场各种能量饲料种类、特点等制订出相应比例，或按养鹅户要求和习惯设定比例，如玉米50%、高粱10%、草粉10%，小麦麸5%，则浓缩饲料的比例为25%。

第二步：查种鹅产蛋期的饲养标准，确定适宜的营养水平。饲养标准为：代谢能11.91兆焦/千克，粗蛋白15.50%，钙2.8%，非植酸磷 0.38%，钠 0.16%，赖氨酸 0.66%，蛋氨酸 0.38%，总含硫氨基酸 0.64%。

第三步：计算能量饲料所能达到的营养水平，进一步计算出浓缩饲料应提供的营养成分含量（见表 4-16）。

表 4-16　能量饲料和浓缩饲料提供的营养成分含量

营养成分	能量饲料的营养含量	浓缩饲料要求的营养含量
代谢能/(兆焦/千克)	9.702	(11.91－9.702)÷25%＝8.832
粗蛋白/%	7.465	(15.0－7.465)÷25%＝30.14
钙/%	0.163	(2.8－0.163)÷25%＝10.548
非植酸磷/%	0.236	(0.38－0.236)÷25%＝0.576
赖氨酸/%	0.227	(0.66－0.227)÷25%＝1.732
蛋氨酸/%	0.114	(0.38－0.114)÷25%＝1.064

注：浓缩饲料要求的营养含量＝$\frac{\text{营养标准－能量饲料含量}}{\text{浓缩饲料比例}}$

第四步：选择浓缩饲料原料并确定其配比。因地制宜，因时制宜，根据来源、价格、营养价值等方面综合考虑选择原料。各原料在浓缩饲料中所占比例，可采取接近全价配合饲料比例的设计方法，最好通过计算机按最低成本原则优化。为了更好地控制质量，应有目的地设定相应原料的上下限，例如，在浓缩饲料中使棉籽饼不超过 20%，使其在全价饲料中不超过 20%×30%＝6%。预混料及盐的比例需固定，这里应用 1%，在浓缩饲料中的固定比例则为 3.33%。

通过计算或计算机优化处理，浓缩饲料配方为：大豆粕 14.0%，菜籽粕 12.0%，棉籽粕 16.08%，花生粕 8%，鱼粉 15%，碳酸氢钙 1.6%，石粉 29.0%，食盐 0.67%，蛋氨酸 0.15%，大豆油 0.17%，鹅预混料 3.33%。

使用方法：玉米 50%＋高粱 10%＋草粉 10%＋麦麸 5%＋浓缩饲料 25%（按照上述浓缩饲料配方配制的），混合均匀即可饲喂。

三、浓缩饲料的使用及注意事项

浓缩饲料是由蛋白质饲料、部分矿物质饲料和添加剂预混料等按一定比例配制而成的均匀混合物，它不可直接用来喂鹅，必须与能量饲料、常量矿物质原料等合理搭配形成全价饲料后饲喂，才能表现出饲养效果。在不同的生长阶段、不同生产季节和不同生产水平等情况下，鹅需要的营养不同，浓缩饲料的营养含量也不同，或占配合日粮的比例不同。应用鹅浓缩饲料的关键就是确定与能量饲料的配合比例或具体用量，在使用浓缩饲料时应注意以下几方面：

（一）浓缩饲料的正确使用

1. 按推荐的比例配制

使用鹅浓缩饲料时，应严格按照产品说明中推荐的补充能量饲料等饲料原料的种类和比例来进行配比，因为浓缩饲料中营养物质含量是在能量饲料一定情况下确定的。如果不按照推荐的比例，盲目减少、增加浓缩饲料用量，或改变能量饲料用量、种类等，将会改变配制的全价饲料营养水平。为使浓缩饲料在不同地区或同一地区不同季节具有通用性或具有较广泛的适应性，当前市场上的鹅浓缩饲料营养物质含量一般都加上了安全裕量，因而按照参考配方结合当地的饲料原料状况配制成的配合饲料一般都能满足畜禽的营养需要。例如，某厂30%鹅浓缩饲料的建议配比为：玉米65%＋浓缩饲料30%＋麸皮5%。应按其规定比例进行配制，不可轻易变动浓缩饲料用量和能量饲料种类及比例。

2. 根据实际情况进行适当调整

对于通用型浓缩饲料常推荐有各种比例，因季节、饲料原料价格等原因不得不改变饲料原料种类使得其不能按固定比例配制，这时可将浓缩饲料作为单一原料，主要考虑对以下主要指标进行适当调整：

（1）根据玉米含水率进行调整　推荐配方中要求玉米的含水率在14%以下，如果现用玉米含水率较高，可进行调整。例如：推荐配方为玉米∶麸皮∶浓缩饲料＝65∶5∶30，现用玉米水分约18%。根据玉米干物质相等的原则，设高水分玉米比例为Y，根据公式：

推荐配方玉米比例$65\times0.86=Y\times$(1－现用玉米水分)

求出Y值为68.2，玉米添加量为68.2%，其他原料比例不变。

（2）根据现有的能量饲料种类和特点进行调整　当推荐的饲料原料种类与用户自产的饲料原料不相符时，这就需要用户自己来计算配合比例。通过查鹅的饲养标准和饲料营养价值表确定鹅的能量和粗蛋白质需要量以及能量饲料的能量和粗蛋白质含量等指标，然后采用连续对角线法计算出不同能量饲料的配合比例。

(3) 根据鹅生长性能指标进行调整　鹅的生长特点是前期以蛋白质沉积为主，因而对蛋白质需求较高；而后期以脂肪沉积为主，因而对能量需求较高。整个生长周期，都要控制鹅体重，尤其是开产期体重。定期评测鹅体重，适当调整能量饲料与浓缩饲料比例。

(4) 根据鹅所处的应激状况进行调整　应激状况包括高低温、疫病、转群等。通常鹅在应激状态下的采食量变化较大，调控饲料的原则是保证浓缩饲料的进食总量与正常状态下的相同。方法是增减玉米或麸皮的量与采食量变化的范围相一致。例如鹅产蛋期，当环境温度过高时，饲料的采食量要比适温下减少5%左右。调控方法是在原配方的基础上减少麸皮和玉米5%左右。当环境温度低于10℃时，饲料的采食量比适温下增加5%左右，此时将能量原料玉米比例增加5%即可。

夏季高温对鹅生产造成很大应激，要增加多种维生素用量2～3倍，特别要添加单体维生素C和维生素E；添加一些抗应激添加剂(如0.05%的维生素C、0.3%～0.5%的氯化钾、0.5%的碳酸氢钠、0.05%～0.1%的阿司匹林等)；保证有效磷供给基础上，降低饲料总磷含量，可考虑应用植酸酶。

(5) 根据浓缩饲料的设计特点进行调整　一般浓缩饲料是针对当地常用饲养品种而设计的平均营养水平。当用户饲养品种不同，所需营养水平与推荐配方营养水平差异较大时，应灵活运用浓缩饲料。例如特殊时期饲养标准在同等能量水平下要求粗蛋白水平比推荐配方高1%～2%，实际配方可调整为在原配方的基础上增加3%～5%的浓缩饲料，相应也提高了氨基酸和其他营养水平。

3. 浓缩饲料必须与能量饲料混合均匀后使用

要保证与之相配的能量饲料等原料的质量和粉碎粒度，不能将浓缩饲料和能量饲料分开使用。为了保证浓缩饲料的使用效果，有条件的养殖场应配置相应的饲料混合机等饲料混合设备。使用浓缩饲料时，通常采用生干料拌湿或生干粉投喂，不要喂稀料，更不能加热处理。

（二）浓缩饲料配制和使用注意事项

1. 不需要再添加其他添加剂

鹅浓缩饲料在生产过程中已根据鹅不同阶段的生长需要和饲料保质需要加入了各种添加剂，因而在使用时不需要再加入其他添加剂，否则既增加成本，造成浪费，又会因过量而造成鹅中毒，抑制鹅生长与生产性能的发挥。

2. 要充分搅拌均匀

鹅浓缩饲料与能量饲料进行混合时，无论是机械或人工混合，都必须充分搅拌均匀，以确保浓缩饲料在成品中的均匀分布。这样才能使鹅浓缩饲料产品在生产中发挥最佳效益。

3. 注意能量饲料原料质量

饲料原料（如玉米）的粉碎粒度应符合畜禽要求。注意浓缩饲料的保存，应贮藏在阴凉、干燥处；注意防潮、防鼠、防虫害；注意贮藏期不能过长，以免失效，做好合理计划，尽量在保质期内用完。对于超过保质期的浓缩饲料一定要慎用。

第四节　全价配合饲料的配制

一、全价配合饲料配制的原则

（一）营养原则

1. 合理应用饲养标准

配合日粮时，必须以鹅的饲养标准为依据，合理应用饲养标准来配制营养完善的全价日粮，才能保证鹅群健康并很好地发挥生产性能，提高饲料利用率，降低饲养成本，获得较好的经济效益。但鹅的营养需要是个极其复杂的问题，饲料的品种、产地、保存好坏会影响饲料的营养含量，鹅的品种、类型、饲养管理条件等也能影响营养的实际需要量，温度、湿度、有害气体、应激因素、饲料加工调制方法等也会影响营养的需要和消化吸收。因此，在生产中原则上既要按饲养标准配合日粮，也要根据实际情况作适当的调整。另外，饲养标准多是以玉米-豆饼型饲料为基础进行研究得到的结果。因此，在使用其他消化率较低的饼（粕）类饲料时，就应以豆饼为基准进行校正，即乘以一个校正系数，再以此为氨基酸的标准进行配制，以便符合

实际。

2. 饲料原料多样化

配合日粮时，应注意饲料原料的多样化，尽量多用几种饲料进行配合，这样有利于充分发挥各种饲料中营养的互补作用，提高日粮的消化率和营养物质的利用率。特别是蛋白质饲料，选用2～3种，通过合理的搭配以及氨基酸、矿物质、维生素的添加，可以减少鱼粉、豆粕等价格较高的饲料原料用量，既能满足鹅的全部营养需要，又能降低饲料价格。各类饲料的用量：籽实类及其加工副产品30%～70%、块根茎类（干重）15%～30%、动物性蛋白5%～10%、植物性蛋白5%～20%、青饲料和草粉10%。各种饲料的大致比例见表4-17。

表4-17　各种饲料的大致比例　　单位：%

名称	育雏期	育成期	产蛋期	肉仔禽
玉米	35～65	35～60	35～60	50～70
高粱	5～10	15～20	5～10	5～10
小麦	5～10	5～10	5～10	5～10
大麦	5～10	10～20	10～20	1～5
碎米	10～20	10～20	10～20	10～20
大豆饼	10～25	10～15	10～15	10～35
花生饼	2～4	2～6	5～10	2～4
棉(菜)籽粕	3～6	4～6	3～6	2～4
芝麻饼	4～8	4～8	3～5	4～8
动物蛋白饲料	≤10			
糠麸类	≤5	10～30	≤5	10～20
粗饲料	优质牧草5左右			
青绿青贮类	按日采食量的10～30			
矿物质饲料	1.5～2.5	1～2	6～9	1～2

3. 首先满足能量和蛋白质需要

配合日粮时，首先满足鹅的能量需要，然后再考虑蛋白质，最后调整矿物质和维生素营养。能量是鹅生活和生产最迫切需要的，日粮的能量水平影响鹅的采食量，如果日粮中能量不足或过多，都会影响其他养分的利用。日粮中所占数量最多的是提供能量的饲料，如果首先满足了鹅对能量的需要，其他营养物质（如矿物质、维生素）的量不足，不需费很大的事，只需增加少量富含这类营养的饲料，便可得到调整。如果先考虑其他营养的需要，一旦能量不能满足鹅的需要量，则需对日粮的构成进行较大调整，事倍功半。

（二）生理原则

1. 根据鹅的生理特点配制日粮

配合日粮时，必须根据鹅的不同生理特点，选择适宜的饲料进行搭配。如雏鹅，消化道容积小，消化酶含量少，消化能力弱，应当少用不易消化吸收的杂粕和其他非常规饲料原料；中鹅的采食增大，消化能力增强，可以提高麸皮用量，也可使用一些杂粕来降低饲料成本。鹅对粗纤维有一定的消化能力，可以适当使用一些粗饲料提高日粮中粗纤维，根据鹅的不同生长阶段，粗纤维的含量控制在5%～10%为宜。

2. 日粮适口性好

配制的日粮应有良好的适口性。所用的饲料应质地良好，保证日粮无毒、无害、不苦、不涩、不霉、不污染。对某些含有毒有害物质或抗营养因子的饲料最好进行处理或限量使用。

3. 日粮的饲料原料相对稳定

配合日粮所用的饲料种类力求保持相对稳定，如需改变饲料种类和配合比例，应逐渐变化，给鹅一个适应过程。如果频繁地变动，会使鹅消化不良，引起应激，影响正常的生产。

（三）经济原则

在养鹅生产中，饲料费用占很大比例，一般要占养鹅成本的70%～80%。因此，配合日粮时，充分利用饲料的替代性，就地取材，选用营养丰富、价格低廉的饲料原料来配合日粮，以降低生产成本，提高经济效益。

（四）安全性原则

饲料安全关系到食品安全和人民健康，关系到鹅群健康。所以，饲料中含有的物质、品种和数量必须控制在允许的安全范围内。

二、饲料配方设计的方法

全价配合日粮配制首先要设计日粮配方，有了配方，然后“照方抓药”。如果配方设计不合理，即使多么精心地制作，也生产不出合格的饲料。配方设计的方法很多，主要有试差法、方形法、线性规划法、计算机法等。

（一）试差法

所谓试差法就是根据经验和饲料营养含量，先大致确定一下各类饲料在日粮中所占的比例，然后通过计算看与营养标准还差多少再进行调整。这种方法简单易学，但计算量大，烦琐，不易筛选出最佳配方。现举例说明：

1. 具体步骤

（1）查找营养标准，列出饲养对象的营养需要量。

（2）查饲料营养价值表，列出所用饲料的养分含量。

（3）初拟配方。根据饲养对象配合日粮时对饲料种类大致比例的要求，初步确定各种饲料的用量，并计算其养分含量，然后将各种饲料中的养分含量相加，并与饲养标准对照比较。

（4）调整。根据初拟配方的营养水平与饲养标准比较的差异程度，调整某些饲料的用量，并再次进行计算和对照比较，直至与标准符合或接近为止。

2. 示例

选择玉米、豆粕、菜籽粕、进口鱼粉、麸皮、骨粉、石粉、食盐和0.5%预混剂，设计0～3周龄的肉雏鹅日粮配方。

（1）列出雏鹅的各种营养物质需要量，以及所用原料的营养成分，见表4-18、表4-19。

表4-18　雏鹅的营养标准

代谢能/(兆焦/千克)	粗蛋白/%	钙/%	磷/%	赖氨酸/%	蛋氨酸/%	食盐/%
11.53	20	1.0	0.8	1.0	0.43	0.3

表4-19　饲料原料的营养成分

饲料名称	代谢能/(兆焦/千克)	粗蛋白/%	钙/%	磷/%	赖氨酸/%	蛋氨酸/%
玉米	13.56	8.7	0.02	0.27	0.24	0.18

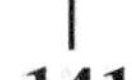

续表

饲料名称	代谢能/(兆焦/千克)	粗蛋白/%	钙/%	磷/%	赖氨酸/%	蛋氨酸/%
麸皮	6.82	15.7	0.11	0.92	0.58	0.13
豆粕	9.64	42.8	0.32	0.61	2.45	0.56
菜籽粕	7.41	38.6	0.65	1.02	1.30	0.63
鱼粉	11.67	62.8	4.04	2.9	4.90	1.84
石粉			36			
骨粉			36.4	16.4		

（2）初步确定所用原料的比例并计算代谢能和蛋白质的含量，见表 4-20。

表 4-20 拟定的饲料配方与计算结果

饲料组成/%	代谢能/(兆焦/千克)	粗蛋白/%
玉米 60	13.56×0.6=8.136	8.7×0.6=5.22
麸皮 10	6.82×0.1=0.682	15.7×0.1=1.57
豆粕 20	9.64×0.2=1.928	42.8×0.2=8.56
菜籽粕 5	7.41×0.05=0.3705	38.6×0.05=1.93
鱼粉 4	11.67×0.04=0.4668	62.8×0.04=2.512
合计	11.583	19.792
标准	11.53	20
相差	+0.053	−0.208

由表 4-20 看出，代谢能比标准多 0.053 兆焦/千克，蛋白质少 0.208%，用蛋白质含量高的豆粕代替代谢能含量的玉米，提高蛋白质 0.208%需要增加 0.61% [0.208÷(42.8−8.7)×100%] 的豆粕，代谢能减少 0.024 兆焦/千克 [0.61%×(13.56−9.64)]。则配方中的代谢能为 11.559 兆焦/千克，蛋白质为 20%，基本满足要求。

（3）计算其余的营养成分含量并配合平衡，见表 4-21。

表 4-21 钙、磷、赖氨酸和蛋氨酸的含量

饲料名称	钙/%	磷/%	赖氨酸/%	蛋氨酸/%
玉米 59.39	0.02×0.5939= 0.012	0.27×0.5939= 0.16	0.24×0.5939= 0.143	0.18×0.5939= 0.107
麸皮 10	0.11×0.1= 0.011	0.92×0.1= 0.093	0.58×0.1= 0.058	0.13×0.1= 0.013
豆粕 20.61	0.32×0.2061= 0.066	0.61×0.2061= 0.126	2.45×0.2061= 0.505	0.56×0.2061= 0.115
菜籽粕 5	0.65×0.05= 0.033	1.02×0.05= 0.051	1.30×0.05= 0.065	0.63×0.05= 0.0315
鱼粉 4	4.04×0.04= 0.162	2.9×0.04= 0.116	4.90×0.04= 0.196	1.84×0.04= 0.074
合计	0.286	0.546	0.971	0.341
标准	1.0	0.8	1.0	0.43
相差	−0.714	−0.254	−0.029	+0.09

由表可知，钙、磷都少于标准，先用骨粉补充。缺 0.254%需要骨粉 1.55% (0.254÷16.4%)，可以增加 0.564%钙 (1.50%×36.4%)。钙缺 0.15%，需要石粉 0.4% (0.15÷36×100%)；蛋氨酸超过标准，可满足需要；赖氨酸比标准少，补充赖氨酸 0.03%；另外添加 0.3%食盐和 0.5%的预混料添加剂。配方总量为 101.78%，多出 1.78%，玉米减去 1%，麸皮减去 0.78%。

饲料配方为：玉米 58.39%、豆粕 20.61%、菜籽粕 5%、进口鱼粉 4%、麸皮 9.22%、骨粉 1.55%、石粉 0.4%、食盐 0.3%、赖氨酸 0.03%、预混料添加剂 0.5%。

(二) 方形法

方形法也称为对角线法，现举例说明。

【例 6】 用玉米、豆粕、菜籽粕、花生粕、麸皮、鱼粉、槐叶粉、苜蓿草粉、骨粉、石粉等原料设计溆浦肉仔鹅 (0～70 日龄) 的全价饲料配方。

第一步：查阅种雏的饲养标准为：代谢能 10.67～12.14 兆焦/千克，粗蛋白质 14%～18%，钙 1.19%，磷 0.6%，食盐 0.40%，蛋氨酸 0.36%，赖氨酸 0.65%。

第二步：列出所选用饲料种类及营养成分含量（理论值或实测

值）如表 4-22。

表 4-22　饲料营养成分含量表

饲料	代谢能/(兆焦/千克)	粗蛋白质/%	钙/%	磷/%
玉米	14.045	8.60	0.04	0.06
豆粕	10.283	44.74	0.32	0.19
麸皮	6.562	14.40	0.18	0.23
菜籽粕	7.86	33.44	0.69	0.44
花生粕	8.33	43.80	0.19	0.13
鱼粉	12.12	64.00	3.91	2.90
槐叶粉	9.6	18.10	2.21	0.21
苜蓿草粉	3.51	14.3	1.34	0.19
骨粉	—	—	30.0	14.0
石粉	—	—	35.0	—

第三步：因为价格、有毒物质及粗纤维含量等方面的因素，对一些饲料的用量应加以限制。如进口鱼粉 6%、菜籽粕 3%、槐叶粉 2%、花生粕 5%，苜蓿草粉 3%。饲料添加剂用量为 0.5%，食盐为 0.4%，保留 1%的调整空间。

第四步：计算上述限定成分在饲料中的配比及这些成分所提供的养分，得出饲料中剩余组分应有的养分含量，见表 4-23。

表 4-23　剩余部分饲料应有的养分含量

饲料	配比/%	代谢能/(兆焦/千克)	粗蛋白质/%	钙/%	磷/%
鱼粉	6	0.727	3.84	0.23	0.174
菜籽粕	3	0.256	1.06	0.02	0.013
花生粕	5	0.6165	2.19	0.095	0.0065
槐叶粉	2	0.192	0.36	0.04	0.004
苜蓿草粉	3	0.1053	0.429	0.040	0.0057
添加剂	0.5	—	—	—	—
食盐	0.4	—	—	—	—

续表

饲料	配比/%	代谢能/(兆焦/千克)	粗蛋白质/%	钙/%	磷/%
保留空间	1				
合计	20.9	1.897	7.879	0.425	0.203
需要	100	12.1	18.0	1.19	0.6
缺额	79.1	10.203	10.121	0.765	0.397

第五步：缺额部分为79.1%，应含代谢能10.203兆焦/千克和粗蛋白质10.121%，将其折成100%，则应含代谢能12.895兆焦/千克，粗蛋白质12.795%。

先配成混合物一：含代谢能12.895千卡/千克，粗蛋白质低于12.795%。将两种饲料的代谢能置于正方形的左侧，所需要的浓度放在中间，将两者与中间值之差记在相应的对角线处，即得到两种饲料应占的比例。

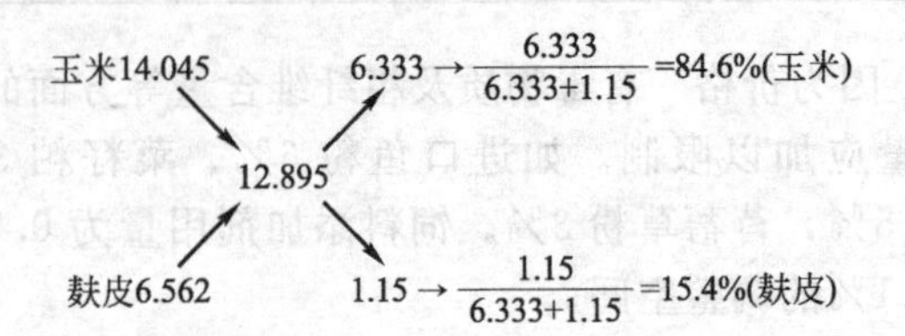

其粗蛋白质为8.6%×84.6%+14.4%×15.4%=9.493%。

再配混合物二：含代谢能12.895兆焦/千克，粗蛋白质高于12.795%。

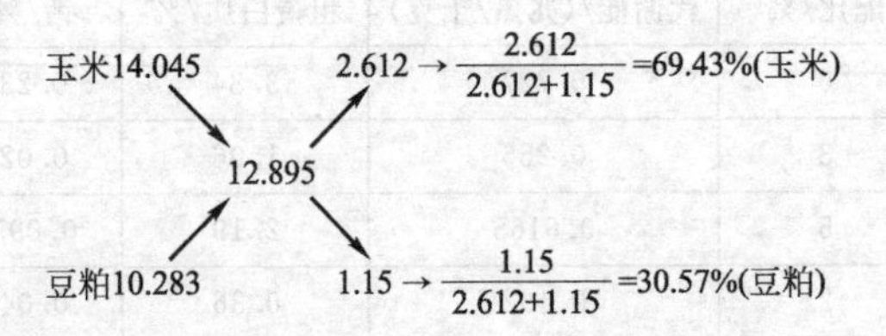

粗蛋白质为8.6%×69.43%+44.74%×30.57%=19.648%。

用这两种混合物配成含代谢能12.895兆焦/千克，粗蛋白质12.795%的饲料。

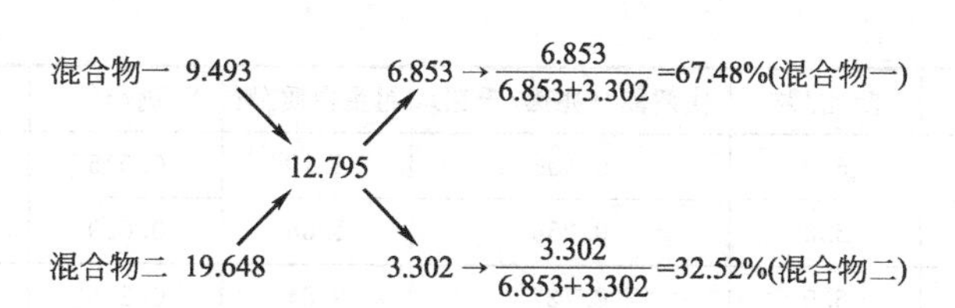

在最后的混合物中，玉米占 84.6%×67.48%＋69.43%×32.52%＝79.67%；麸皮占 15.4%×67.48%＝10.39%；豆粕占 30.57%×32.52%＝9.94%。

那么，三种饲料在配方中的配比：玉米 79.67%×79.1%＝63.02%；麸皮 10.39%×79.1%＝8.22%；豆粕 9.94%×79.1%＝7.86%。

第六步：计算营养成分余缺（见表 4-24）。

表 4-24 主要组分的营养成分含量及差额

饲料	配比/%	代谢能/(兆焦/千克)	粗蛋白质/%	钙/%	磷/%
玉米	63.02	8.851	5.4197	0.0252	0.0378
麸皮	8.22	0.539	1.1837	0.0148	0.0189
豆粕	7.86	0.808	3.5166	0.025	0.0149
合计	79.1	10.198	10.12	0.065	0.0716
需要	79.1	10.203	10.12	0.765	0.397
余缺	＋0.0	－0.005	0	－0.7	－0.3254

第七步：用骨粉解决磷不足的问题，即为 0.397%÷14%＝2.32%，饲料中加入 2.32%骨粉可满足磷的需要：同时也补充了 30%×2.32%＝0.696%的钙。钙磷满足需要。

第八步：初步完成饲料配方。总量超出配方部分，可以利用草粉和麸皮进行调整，见表 4-25。

表 4-25 所得日粮配方及养分含量

饲料	配比/%	代谢能/(兆焦/千克)	粗蛋白质/%	钙/%	磷/%
玉米	63.02	8.848	5.42	0.025	0.038
豆粕	7.86	1.203	3.52	0.025	0.001
麸皮	7.6	0.197	0.43	0.005	0.007

续表

饲料	配比/%	代谢能/(兆焦/千克)	粗蛋白质/%	钙/%	磷/%
花生粕	5.0	0.666	2.19	0.015	0.010
菜籽粕	3.0	0.256	1.06	0.020	0.009
鱼粉	6.0	0.727	3.84	0.246	0.183
槐叶粉	2.3	0.192	0.364	0.044	0.004
苜蓿草粉	2.0		0.286		
骨粉	2.32	—	—	0.849	0.379
食盐	0.4	—	—	—	—
添加剂	0.5	—	—	—	—
合计	100	12.09	17.11	1.229	0.631

注：该配方的代谢能、粗蛋白质、钙、磷、食盐均基本达到饲养标准。

第九步：计算出赖氨酸、蛋氨酸的添加量。首先计算各种饲料原料中所含赖氨酸、蛋氨酸的总含量：赖氨酸0.70%、蛋氨酸0.31%。饲养标准中赖氨酸0.65%、蛋氨酸0.36%，配方中尚缺蛋氨酸0.05%，以商品蛋氨酸补充差额，并减去0.05%的麸皮到此饲料配方全部完成。

第十步：列出配方和主要营养指标。

饲料配方：玉米63.02%、豆粕7.86%、麦麸7.55%、花生粕5.0%、菜籽粕3%、槐叶粉2.3%，苜蓿草粉2%，鱼粉6%，骨粉2.32%、食盐0.4%、蛋氨酸0.05%、维生素和微量元素预混料0.5%，合计100%。

营养水平：代谢能12.09兆焦/千克、粗蛋白17.11%、钙1.23%、磷0.63%、蛋氨酸0.36%、赖氨酸0.70%。

（三）计算机法

应用计算机设计饲料配方可以考虑多种原料和多个营养指标，且速度快，能调出最低成本的饲料配方。现在应用的计算机软件，多是应用线性规划，就是在所给饲料种类和满足所求配方的各项营养指标的条件下，能使设计的配方成本最低。但计算机也只能是辅助设计，需要有经验的营养专家进行修订、原料限制，以及最终的检查确定。

第五章　鹅的饲料配方举例

第一节　预混料配方

一、维生素预混合饲料配方

见表 5-1。

表 5-1　鹅维生素预混料配方　　单位：%

组成	0～3 周龄		育肥期		种鹅	
	0.1%预混料	0.2%预混料	0.1%预混料	0.2%预混料	0.1%预混料	0.2%预混料
维生素 A(500 国际单位/毫克)	0.36	0.18	0.36	0.18	1.5	0.75
维生素 D_3(300 国际单位/毫克)	1.1	0.55	1.1	0.55	0.933	0.467
50%维生素 E	4.5	2.25	4.5	2.25	8.0	4.0
50%维生素 K_3	0.34	0.17	0.34	0.17	0.4	0.2
96%维生素 B_1	0.26	0.13	0.26	0.13	0.68	0.38
98%维生素 B_2	0.531	0.266	0.531	0.266	0.31	0.16
98%泛酸	1.225	0.613	1.225	0.613	0.561	0.281
100%烟酸	8.0	4.0	7.0	3.5	5.0	2.5
98%叶酸	0.061	0.031	0.046	0.023	0.036	0.018
83%维生素 B_6	0.336	0.163	0.336	0.163		
0.5%维生素 B_{12}	0.3	0.15	0.22	0.11	0.21	0.11
2%生物素	1.0	0.5	5.5	2.75	5.0	2.5
抗氧化剂	0.02	0.02	0.02	0.02	0.02	0.02
载体	81.967	90.977	78.562	89.275	77.35	88.614
合计	100	100	100	100	100	100

二、微量元素预混料配方

见表 5-2。

表 5-2　鹅的微量元素预混料配方　　单位：%

组成	肉用仔鹅		种鹅	
	0.25%预混料	0.5%预混料	0.25%预混料	0.5%预混料
七水硫酸亚铁	19.5	9.75	8.12	4.06
五水硫酸铜	14.38	7.19	10.79	5.4
七水硫酸锌	0.808	0.404	1.294	0.65
二水硫酸锰	17.90	8.95	8.95	4.48
碘化钾预混剂	0.022	0.011	0.123	0.06
亚硒酸钠预混剂	0.04	0.02	0.04	0.02
载体	47.35	73.675	70.683	85.33
合计	100	100	100	100

第二节　浓缩饲料配方

一、种鹅的浓缩饲料配方

见表 5-3～表 5-6。

表 5-3　种鹅浓缩饲料配方一　　单位：%

组成	雏鹅(0～3 周)		生长鹅(4～10 周龄)		育肥鹅(10 周龄至出售)		种鹅	
	配方 1	配方 2	配方 1	配方 2	配方 1	配方 2	维持	产蛋
麸皮		5.0			13.67	14.33		
米糠		5.25	28.65	24.66			23	
大豆粉	75.0	56.25	46.68	50.0	63.33	51.67	45	48.40
鱼粉	6.25	18.75						11.66
肉骨粉	7.5		10.0			3.33		
玉米蛋白粉		3.75		6.67		8.67		6.67
糖蜜	3.0	3.75	8.33	8.33	10.0	10.0	15	10.0

续表

组成	雏鹅(0～3周)		生长鹅(4～10周龄)		育肥鹅(10周龄至出售)		种鹅	
	配方1	配方2	配方1	配方2	配方1	配方2	维持	产蛋
油脂	0.75	1.25			2.0	1.67		1.70
磷酸二氢钙	2.5	2.0	2.67	5.0	5.33	4.66	7.5	3.33
碳酸钙	1.75	0.75	1.0	2.67	3.0	3.0	5.5	15.57
盐	0.75	0.75	1.0	1.0	1.0	1.0	1.5	1.0
1%预混料	2.5	2.5	1.67	1.67	1.67	1.67	2.5	1.67
合计	100	100	100	100	100	100	100	100
使用方法(按下列饲料比例混合均匀饲喂)								
玉米	39.0	41.0	36.0	36.0	44.0	44.0	60.0	41.0
高粱	15.0	15.0	20.0	25.0	24.0	25.0		19.0
麸皮	6.0	4.0	10.0	8.0	2.0	1.0	20.0	10.0
米糠			4.0	1.0				
浓缩饲料	40.0	40.0	30.0	30.0	30.0	30.0	20.0	30.0

表5-4　种鹅浓缩饲料配方二　　单位：%

组成	0～10日龄		11～30日龄		31日龄以上		种鹅	
	配方1	配方2	配方1	配方2	配方1	配方2	配方1	配方2
草籽、草粉类	4.5	2.0	4.01	1.67	10.67	1.67	7.33	18.33
豆粕类	60	60	50	50	50	50	50	50
动物性饲料	20	20	33.33	33.33	26.67	33.33	26.67	16.67
骨粉	4		3.33		3.33		3.33	
贝壳粉或石粉	4	8	3.33	6.67	3.33	6.67	6.67	6.67
食盐	1.5	4	1.0	3.33	1.0	3.33	1.0	3.33
砂砾	4	4	3.33	3.33	3.33	3.33	3.33	3.33
预混料	2	2	1.67	1.67	1.67	1.67	1.67	1.67
合计	100.0	100.0	100.0	100.0	100.0	100.0	100.0	100.0

续表

组成	0～10 日龄		11～30 日龄		31 日龄以上		种鹅	
	配方 1	配方 2	配方 1	配方 2	配方 1	配方 2	配方 1	配方 2
使用方法(按下列比例混合均匀饲喂)								
玉米、高粱、大麦、小麦	62.0	61.0	42.0	41.0	30.0	11.0	48.0	11.0
糠麸类	10.0	9.0	25.0	25.0	29.0	39.0	14.0	39.0
草籽、草粉类	3.0	5.0	3.0	4.0	11.0	20.0	8.0	20.0
浓缩饲料	25.0	25.0	30.0	30.0	30.0	30.0	30.0	30.0

表 5-5　种鹅的浓缩饲料配方三　　单位：%

组成	0～3 或 4 周龄		4～8 周龄		后备鹅		种鹅及产蛋鹅	
	配方 1	配方 2	配方 1	配方 2	配方 1	配方 2	配方 1	配方 2
米糠	18.42	22.575	32.28	33.42	10.0	9.0	5.0	5.66
豆粕	50.65	35.0	46.86	45.71		25.0	70.0	70.0
花生粕					75.0	50.0		
菜籽粕		15.0		7.53				
酵母蛋白				1.05	9.0			
鱼粉	20.0	20.0	8.57					
磷酸氢钙				5.71			1.17	1.17
石粉	5.0		5.71	2.86		10.0	19.33	18.67
骨粉	2.5	3.5	2.86					
食盐	0.93	1.0	0.86	0.86	1.0	1.0	1.17	1.17
蛋氨酸		0.425						
预混剂	2.5	2.5	2.86	2.86	5.0	5.0	3.33	3.33
合计	100	100	100	100	100	100	100	100
使用说明(按下列比例混合均匀饲喂)								
玉米	47.0	50.0	55.0	52.0	40.0		62.0	52.0
稻谷					30.0	65.0		8.0
麦麸	10.0	6.0	10.0	10.0	5.0	5.0		
次粉		4.0					5.0	5.0
草粉	3.0			3.0	5.0	10.0	3.0	5.0
浓缩饲料	40.0	40.0	35.0	35.0	20.0	20.0	30.0	30.0

表 5-6　种鹅的浓缩饲料配方四　　单位：%

组成	0～3 或 4 周龄		4～8 周龄		后备鹅		种鹅及产蛋鹅	
	配方 1	配方 2	配方 1	配方 2	配方 1	配方 2	配方 1	配方 2
麸皮	2.15	1.0	12.0	30.0	36.0	22.8	6.66	
豆粕	57.33	66.67	46.68	45.0	40.0	56.0	40.0	
棉籽粕	19.33			14.67				
菜籽粕			26.66				20.0	23.33
血粉	7.66							
蚕蛹								26.67
鱼粉		16.67			8.0	4.0	6.67	26.67
磷酸氢钙	8.87		10.0	1.67				8.33
石粉		5.0		1.33	8.0	8.0	13.33	10.0
骨粉		6.33	1.33	4.0	4.0	4.0	8.67	
食盐	1.33	1.00				1.2	1.34	1.67
预混剂	3.33	3.33	3.33	3.33	4.0	4.0	3.33	3.33
合计	100	100	100	100	100	100	100	100
使用方法								
玉米	55.0	57.0	56.0	63.0	27.0	58.0		55.0
稻谷	8.0							
麦麸	7.0	6.0	10.0	7.0	18.0	5.0	64.0	15.0
啤酒糟			4.0					
米糠		7.0			30.0	12.0	6.0	
浓缩饲料	30.0	30.0	30.0	30.0	25.0	25.0	30.0	30.0
备注				狮头鹅	昌图鹅	豁眼鹅		

二、商品鹅浓缩饲料配方

见表 5-7、表 5-8。

表 5-7 商品肉鹅浓缩饲料配方一　　单位：%

组成	0～3或4周龄				5周龄至上市			
	配方1	配方2	配方3	配方4	配方1	配方2	配方3	配方4
麦麸	3.33	11.67	3.33	6.67	22.67		7.0	26.33
豆粕	71.67	66.66	80.0	70.0	41.66		46.66	66.67
菜籽粕	16.67		10.0	16.66	26.67	48.33	20.0	
棉籽粕						36.67		
鱼粉							16.67	
肉骨粉		16.67						
磷酸氢钙	2.66				3.0	10.0		
石粉	3.0				3.33	2.0		1.33
骨粉		2.33	4.0	4.0			6.67	2.67
食盐	1.0	1.0	1.0	1.0	1.0	1.33	1.33	1.33
预混剂	1.67	1.67	1.67	1.67	1.67	1.67	1.67	1.67
合计	100	100	100	100	100	100	100	100
使用方法(按下列比例混合均匀饲喂)								
玉米	56.0	55.0	68.0	56.0	56.0	59.0	52.0	41.0
米糠		4.0					12.0	9.0
草粉						4.0		20.0
麦麸	14.0	11.0	2.0	14.0	14.0	7.0	6.0	
浓缩饲料	30.0	30.0	30.0	30.0	30.0	30.0	30.0	30.0

表 5-8 商品肉鹅的浓缩饲料配方二　　单位：%

组成	0～3或4周龄				5周龄至上市			
	配方1	配方2	配方3	配方4	配方1	配方2	配方3	配方4
谷物籽实类	14.0	15.75	3.75	1.85				
糠麸类	2.5		22.5	16.4	35.66	31.33	44.66	45.0
豆粕	62.5	72.5	50.0	73.75	50.0	46.67	36.67	
花生粕						10.0		41.95
菜籽粕	5.0	5.0	7.5		5.0		8.33	

续表

组成	0～3或4周龄				5周龄至上市			
	配方1	配方2	配方3	配方4	配方1	配方2	配方3	配方4
鱼粉	9.0		10.0					3.34
磷酸氢钙	3.0	3.0	2.0	3.5				4.0
石粉	2.0	2.5	2.25	2.5		2.0	1.67	
骨粉					6.67	7.33	6.0	3.67
食盐	0.75		0.75	0.75	1.0	1.0	1.0	0.37
0.5%预混料	1.25	1.25	1.25	1.25	1.67	1.67	1.67	1.67
合计	100	100	100	100	100	100	100	100
使用说明(按下列比例混合均匀饲喂)								
谷物籽实类	60.0	60.0	60.0	60.0	56.0	59.0	67.0	64.0
糠麸类					14.0	11.0	3.0	6.0
浓缩饲料	40.0	40.0	40.0	40.0	30.0	30.0	30.0	30.0

第三节　全价料配方

一、种鹅的饲料配方

见表5-9～表5-24。

表5-9　种鹅和肉鹅的饲料配方　　单位：%

组成	雏鹅(0～3周龄)		生长鹅(4～10周龄)		育肥鹅(10周龄至出售)		种鹅	
	配方1	配方2	配方1	配方2	配方1	配方2	维持	产蛋
玉米	39.0	40.6	35.6	35.4	44.0	44.0	60.0	41.0
高粱	14.7	15.0	20.0	25.0	24.1	25.0		19.73
大豆粉	30.0	22.5	14.0	15.0	19.0	15.5	9.0	13.5
鱼粉	2.5	7.5						3.5
肉骨粉	3.0		3.0			1.0		
麸皮	6.0	6.0	10.0	8.0	6.0	5.3	20.0	10.0

续表

组成	雏鹅（0～3周龄）		生长鹅（4～10周龄）		育肥鹅（10周龄至出售）		种鹅	
	配方1	配方2	配方1	配方2	配方1	配方2	维持	产蛋
米糠		2.5	13.0	9.0			4.6	
玉米蛋白粉		1.5		2.0		2.6		2.0
糖蜜	1.5	1.5	2.5	2.5	3.0	3.0	3.0	3.0
油脂	0.3	0.5			0.6	0.5		0.5
磷酸二氢钙	1.0	0.8	0.8	1.5	1.6	1.4	1.5	1.0
碳酸钙	0.7	0.3	0.3	0.8	0.9	0.9	1.1	4.97
盐	0.3	0.3	0.3	0.3	0.3	0.3	0.3	0.3
预混料	1.0	1.0	0.5	0.5	0.5	0.5	0.5	0.5
合计	100	100	100	100	100	100	100	100
营养水平								
粗蛋白质/%	22.0	22.1	15.5	15.2	15.0	15.5	13.0	16.0
代谢能/(兆焦/千克)	12.14	12.14	11.50	11.70	12.05	12.2	11.18	11.51
钙/%	0.82	0.91	0.9	0.92	0.83	0.85	0.85	2.38
有效磷/%	0.36	0.46	0.44	0.41	0.41	0.40	0.44	0.38
赖氨酸/%	1.23	1.29	0.72	0.79	0.73	0.73	0.53	0.77
蛋氨酸/%	0.46	0.49	0.28	0.29	0.25	0.33	0.23	0.31

注：一般种鹅生长至12周龄后即可改用种鹅维持期饲料，至产蛋前2周改用种鹅产蛋期饲料。育雏和生长配方也适用于肉用鹅。

表 5-10　种鹅的饲料配方一　　单位：%

组成	雏鹅	生长鹅		种鹅	
	0～4周	6～8周	8周龄至上市	维持	产蛋
玉米	39.96	37.96	43.46	60.0	38.79
高粱	15.0	25.0	25.0	—	25.0
大豆粕	29.5	25.0	16.5	9.0	11.0
鱼粉	2.5				3.1
肉骨粉	3.0		1.0		

续表

组成	雏鹅	生长鹅		种鹅	
	0～4周	6～8周	8周龄至上市	维持	产蛋
糖蜜	3.0	1.0	3.0	3.0	3.0
麸皮	5.0	5.0	5.4	20.0	10.0
米糠				4.58	
玉米麸质粉		2.5	2.5		2.4
油脂	0.3				
食盐	0.3	0.3	0.3	0.3	0.3
磷酸氢钙	0.1	1.5	1.4	1.5	1.0
石灰石粉	0.74	1.2	0.9	1.1	4.9
蛋氨酸	0.1	0.04	0.04	0.02	0.01
预混料	0.5	0.5	0.5	0.5	0.5
合计	100	100	100	100	100
营养水平					
代谢能/(兆焦/千克)	11.63	12.00	12.30	11.08	11.60
粗蛋白/%	21.8	18.5	16.2	12.9	15.5
钙/%	0.82	0.89	0.85	0.85	2.24
有效磷/%	0.38	0.40	0.72	0.43	0.37
赖氨酸/%	1.23	0.91	0.73	0.53	0.70
蛋氨酸/%	0.46	0.36	0.33	0.23	0.31
胱氨酸/%	0.32	0.30	0.26	0.21	0.24

注：一般种鹅生长至12周龄后即可改用种鹅维持期饲料，至产蛋前2周改用种鹅产蛋期饲料。育雏和生长配方适用于肉用鹅。

表5-11　种鹅的饲料配方二　　单位：%

组成	育雏(0～3周龄)	生长(4～7周龄)	维持	种鹅
玉米	50.4	61.3		51.4
大麦			45.0	
次麦粉	15.0	15.0	50.0	26.7

续表

组成	育雏 (0～3周龄)	生长 (4～7周龄)	维持	种鹅
肉粉		1.5		
豆粕	31.5	19.8	2.5	13.7
DL-蛋氨酸	0.17	0.10	0.06	0.18
L-赖氨酸			0.05	
食盐	0.33	0.31	0.29	0.29
石粉	1.64	1.27	1.50	6.70
磷酸二氢钙	0.86	0.62	0.50	0.93
维生素-微量元素预混料	0.1	0.1	0.1	0.1
合计	100	100	100	100
营养水平				
代谢能/(兆焦/千克)	11.20	12.41	10.87	11.50
粗蛋白/%	21.7	17.7	14.0	15.0
钙/%	0.90	0.80	0.80	2.80
有效磷/%	0.40	0.38	0.35	0.38
钠/%	0.18	0.18	0.16	0.16
蛋氨酸/%	0.51	0.40	0.27	0.43
蛋氨酸+胱氨酸/%	0.85	0.66	0.48	0.64
赖氨酸/%	1.20	0.90	0.60	0.70
苏氨酸/%	0.90	0.74	0.49	0.61
色氨酸/%	0.30	0.24	0.21	0.20

注：一般种鹅生长至12周龄后即可改用种鹅维持期饲料，至产蛋前2周改用种鹅产蛋期饲料。育雏和生长配方适用于肉用鹅。

表 5-12　种鹅的饲料配方三　　单位：%

组成	0～10日龄		11～30日龄		31日龄以上		种鹅	
	配方1	配方2	配方1	配方2	配方1	配方2	配方1	配方2
玉米、高粱、大麦、小麦	61.7	61	41.7	41	30	11	47.7	11
豆粕类	15	15	15	15	15	15	15	15

续表

组成	0～10 日龄		11～30 日龄		31 日龄以上		种鹅	
	配方 1	配方 2	配方 1	配方 2	配方 1	配方 2	配方 1	配方 2
糠麸类	9.5	9.5	24.5	24.5	28.2	39.5	14.5	39.5
草籽、草粉类	5	5	5	5	15	20	10	25
动物性饲料	5	5	10	10	8	10	8	5
骨粉	1		1		1		1	
贝壳粉或石粉	1	2	1	2	1	2	2	2
食盐	0.3	1	0.3	1	0.3	1	0.3	1
砂砾	1	1	1	1	1	1	1	1
预混料	0.5	0.5	0.5	0.5	0.5	0.5	0.5	0.5
合计	100.0	100.0	100.0	100.0	100.0	100.0	100.0	100.0

表 5-13 种鹅的饲料配方四 单位：%

组成	0～3 或 4 周龄		4～8 周龄		后备鹅		种鹅及产蛋鹅	
	配方 1	配方 2	配方 1	配方 2	配方 1	配方 2	配方 1	配方 2
玉米	57	47.0	37.1	48.4	45.4	40.8	42.5	48.0
高粱			20.0					10.0
稻谷		6.2				11.0		
麦麸			5.0		22.0	23.1		
小麦				9.5	15.0		23.0	
次粉	4.59	5.0		5.0				12.0
草粉				5.0	8.0		4.0	
米糠	5.0	7.0				12.0		
豆粕	30.4	29.3	27.4	25.0	6.0	9.0	21.0	
花生粕								10.0
菜籽粕		2.0		2.0				7.0
糖蜜			3.0					
鱼粉			2.0	2.0				4.0
肉骨粉			3.0					
油脂			0.3					
磷酸氢钙	0.47	1.2	0.2	1.0	1.3	1.5	1.7	1.3

续表

组成	0～3或4周龄		4～8周龄		后备鹅		种鹅及产蛋鹅	
	配方1	配方2	配方1	配方2	配方1	配方2	配方1	配方2
石粉	1.12	1.0	0.7	0.8	1.0	1.4	6.5	6.5
食盐	0.36	0.3	0.3	0.3	0.3	0.2	0.3	0.2
盐酸赖氨酸	0.06							
预混剂	1.0	1.0	1.0	1.0	1.0	1.0	1.0	1.0
合计	100	100	100	100	100	100	100	100

注：表中雏鹅配方也适用于肉鹅；精料：青料为1∶7。

表5-14 种鹅的饲料配方五 单位：%

组成	0～3或4周龄		4～8周龄		后备鹅		种鹅及产蛋鹅	
	配方1	配方2	配方1	配方2	配方1	配方2	配方1	配方2
玉米	46.63	50.0	55.4	52.0	40.0		62.0	52.0
稻谷					30.0	65.0		8.2
麦麸	10.0	6.0	11.0	8.7	5.0	5.0		
次粉		4.0					5.0	5.0
草粉					7.0	11.8	4.5	
米糠	11.0	11.43	10.3	16.0				6.5
豆粕	20.0	14.0	16.0	16.0		5.0	21.0	21.0
花生粕					15.0	10.0		
菜籽粕		6.0						
酵母蛋白				3.0	1.8			
鱼粉	8.0	5.0	3.0					
磷酸氢钙				2.0			0.35	0.35
石粉	2.0		2.0	1.0		2.0	5.8	5.6
骨粉	1.0	2.0	1.0					
食盐	0.37	0.4	0.3	0.3	0.2	0.2	0.35	0.35
蛋氨酸		0.17						
预混剂	1.0	1.0	1.0	1.0	1.0	1.0	1.0	1.0
合计	100	100	100	100	100	100	100	100

注：表中雏鹅配方也适用于肉鹅；精料：青料为1∶7。

表 5-15　种鹅的饲料配方六　　单位：%

组成	0～3 或 4 周龄		4～8 周龄		后备鹅		种鹅及产蛋鹅	
	配方 1	配方 2	配方 1	配方 2	配方 1	配方 2	配方 1	配方 2
玉米	57.6	45.0	61.8	24.6	60.0	60.0	60.5	60.0
大麦			10.0					
麦麸	5.8	6.6	5.0		19.5	19.9	10.0	9.5
小麦	6.0	15.2		43.0				
次粉			5.0	3.0				4.0
草粉				4.0				
米糠					4.6			
豆粕	17.3	29.5	14.3		9.0	15.5	8.7	12.0
花生粕	2.5							
菜籽粕	1.5							5.5
棉籽粕							3.5	
酵母蛋白				2.0			2.0	
葵花粕				15.0			6.0	
鱼粉	5.0			3.0				2.0
肉骨粉				2.0				
糖蜜					3.0			
磷酸氢钙	1.4	1.4	1.2	1.0	1.5			
石粉	1.2	1.0	1.4	1.2	1.1	2.0	3.6	4.0
骨粉						1.3	4.3	2.6
食盐	0.3	0.3	0.3	0.2	0.3	0.3	0.4	0.4
盐酸赖氨酸	0.05							
蛋氨酸	0.2							
肉碱	0.15							
1%预混剂	1.0	1.0	1.0	1.0	1.0	1.0	1.0	1.0
合计	100	100	100	100	100	100	100	100

注：表中雏鹅配方也适用于肉鹅；精料∶青料为1∶7。

表 5-16　种鹅的饲料配方七　　单位：%

组成	0～3 或 4 周龄		4～8 周龄		后备鹅		种鹅及产蛋鹅	
	配方 1	配方 2	配方 1	配方 2	配方 1	配方 2	配方 1	配方 2
玉米	55.0	54.6	56.0	63.0	27.0	57.5	64.0	55.0
稻谷	8.7							
麦麸	7.0	6.7		20.4	32.0	11.0	8.0	15.0
啤酒糟			7.6					
米糠		7.0			30.0	12.2		
豆粕	17.2	22.0	24.0	13.5	5.0	14.0	12.0	
棉籽粕	5.8							
菜籽粕			8.0				6.0	7.0
血粉	2.3							
蚕蛹								8.0
鱼粉		5.0			2.0	1.0	2.0	8.0
磷酸氢钙	2.6		3.0	0.5				2.5
石粉		1.5		0.4	2.0	2.0	4.0	
骨粉		1.9	0.4	1.2	1.0	1.0	2.6	3.0
食盐	0.4	0.3				0.3	0.4	0.5
预混剂	1.0	1.0	1.0	1.0	1.0	1.0	1.0	1.0
合计	100	100	100	100	100	100	100	100

注：表中雏鹅配方也适用于肉鹅；精料：青料为 1∶7。

表 5-17　种鹅的饲料配方八　　单位：%

组成	0～3 或 4 周龄		4～8 周龄		后备鹅		种鹅及产蛋鹅	
	配方 1	配方 2	配方 1	配方 2	配方 1	配方 2	配方 1	配方 2
玉米		54.0	56.0	60	40.9	72.0	30.0	61.5
稻谷	59.0							
碎米	10.0							

续表

组成	0～3或4周龄		4～8周龄		后备鹅		种鹅及产蛋鹅	
	配方1	配方2	配方1	配方2	配方1	配方2	配方1	配方2
麦麸	7.8	8.5		7.5	24.0	10.0	24.0	3.0
次粉					8.0			
啤酒糟			7.6		8.0			
米糠		7.0		4.0			24.0	
豆粕	10.0	22.4	24.0		11.0	13.0	13.0	9.0
花生粕	10.0							9.0
棉籽粕								5.0
菜籽粕			8.0	7.0	4.0			
血粉								5.0
蚕蛹				10.0				
鱼粉		4.0		7.0			3.0	
磷酸氢钙			3.0	1.5	1.4	1.4		0.6
石粉	1.99	2.7			1.5	1.3	2.7	5.5
骨粉				1.5		1.0	2.0	
食盐	0.21	0.4	0.4	0.5	0.2	0.3	0.3	0.4
预混剂	1.0	1.0	1.0	1.0	1.0	1.0	1.0	1.0
合计	100	100	100	100	100	100	100	100

注：表中雏鹅配方也适用于肉鹅；精料：青料为1：7。

表5-18 种鹅的饲料配方九 单位：%

组成	0～4周龄			4周龄以后			产蛋期		
	配方1	配方2	配方3	配方1	配方2	配方3	配方1	配方2	配方3
玉米	49.0	57.0	48.0	53	58	44	55	62	52
小麦	9.8			7			10		
次粉	5	5	4.7	5	5	5	5	5	5
草粉	5	5		7.4	6		5	5	
米糠			7	6	7	9.5			6.2
稻谷			7			19			9.0

续表

组成	0～4 周龄			4 周龄以后			产蛋期		
	配方 1	配方 2	配方 3	配方 1	配方 2	配方 3	配方 1	配方 2	配方 3
豆粕	25	30.5	29	15	17.5	15	11.4	21	21
菜子粕	2		2	4	4	5	4		
鱼粉	2						3		
磷酸氢钙	0.15	0.47	0.29	0.5	0.47	0.29	0.3	0.35	0.35
石粉	1.1	1.12	1.16	1.0	1.0	1.19	5.5	5.8	5.6
赖氨酸	0.05	0.05		0.2	0.13	0.17			
食盐	0.4	0.36	0.35	0.4	0.4	0.35	0.3	0.35	0.35
0.5%预混料	0.5	0.5	0.5	0.5	0.5	0.5	0.5	0.5	0.5
合计	100	100	100	100	100	100	100	100	100

表 5-19　种鹅的饲料配方十　　单位：%

组成	雏鹅（0～3 周龄）	生长鹅		育成鹅（17～28 周龄）	种鹅
		4～8 周龄	8～16 周龄		
玉米	37.96	38.5	43.46	60.0	39.69
高粱	20	25.0	25.00		25.0
大豆粕	27.5	24.5	16.50	9.0	11.0
鱼粉	2.0				2.50
肉骨粉	3.0	1.00	1.00	3.0	
糖蜜	5.0	5.00	3.00	20.0	3.00
米糠			5.40	4.58	10.0
玉米麸皮粉	2.50	2.50	2.50		
油脂	0.30				2.40
食盐	0.30	0.30	0.3	0.30	
碳酸氢钙	0.10	1.65	1.40	1.50	1.00
石粉	0.74	1.00	0.90	1.10	4.90
蛋氨酸	0.10	0.05	0.04	0.02	0.01
预混料	0.50	0.50	0.50	0.50	0.50
合计	100	100	100	100	100

表 5-20　种鹅的饲料配方十一

组成/%	雏鹅	生长鹅	种鹅
玉米	60	63	64
小麦麸	5	12	3
鱼粉	5		
豆粕	27	21.7	24.2
石粉	0.93	1.0	6.5
磷酸氢钙	0.7	0.9	0.9
食盐	0.3	0.35	0.35
蛋氨酸	0.07	0.05	0.05
复合预混料	1	1	1
总计	100	100	100

表 5-21　种鹅的饲料配方十二　　　　单位：%

组　成	配方 1	配方 2	配方 3	配方 4	配方 5
玉米	55.2		29.3	56.4	65.0
小麦		60.7	28.7		
大麦	10.0	10.0	10.0	10.0	
小麦细麸	5.0	5.0	5.0	5.0	4.0
粗面粉	5.0	5.0	5.0	5.0	3.6
菜籽粕					6.0
脱水青饲料	2.0	2.0	2.0	2.0	
肉粉				2.0	
鱼粉				2.0	2.0
豆粕	15.8	10.3	13.0	11.3	12.0
石粉	4.4	4.4	4.4	4.2	4.0
磷酸钙	1.1	1.1	1.1	0.6	2.0
食盐	0.5	0.5	0.5	0.5	0.4
复合预混料	1.0	1.0	1.0	1.0	1.0
总计	100	100	100	100	100

续表

组　成	配方 1	配方 2	配方 3	配方 4	配方 5
营养水平					
代谢能/(兆焦/千克)	11.60	11.37	11.49	11.72	
粗蛋白/%	15.5	15.5	15.6	15.6	
粗纤维	3.7	3.9	3.8	3.6	
钙/%	2.0	2.0	2.01	2.04	
有效磷/%	0.40	0.43	0.42	0.41	
蛋氨酸/%	0.29	0.29	0.30	0.29	
胱氨酸/%	0.22	0.24	0.23	0.22	
赖氨酸/%	0.74	0.73	0.74	0.78	
苏氨酸/%	0.63	0.53	0.59	0.64	
色氨酸/%	0.21	0.23	0.22	0.20	

表 5-22　国外采用的鹅饲料配方　　单位：%

组成	全粉料			粉料加谷物料	
	0～3 周龄	3 周龄至上市	种鹅	3 周龄至上市	种鹅
黄玉米	48.75	46.0	41.75	35.0	30.5
小麦粗粉	5.0	10.0	5.0	5.0	5.0
小麦次粉	5.0	10.0	10.0	10.0	10.0
碎大麦	10.0	20.0	20.0	20.0	10.0
脱水干燥青饲料	3.0	1.0	5.0	2.0	7.0
肉粉(CP50%)	2.0	2.0	2.0	2.5	2.0
鱼粉(CP60%)	2.0		2.0		4.0
干乳	2.0		1.5	2.0	2.5
豆粕(CP50%)	20.0	8.75	7.5	20.0	18.25
石粉	0.5	0.5	3.25	1.0	7.5
碳酸氢钙	0.5	0.5	0.75	0.75	1.5
碘化食盐	0.5	0.5	0.5	1.0	1.0

续表

组成	全粉料			粉料加谷物料	
	0～3 周龄	3 周龄至上市	种鹅	3 周龄至上市	种鹅
微量元素预混料	0.25	0.25	0.25	0.25	0.25
维生素预混料	0.5	0.5	0.5	0.5	0.5
合计	100	100	100	100	100

表 5-23　太湖鹅饲料配方　　单位：%

组　成	肉用仔鹅	种鹅
玉米	52	64.6
豆粕	14.0	12.0
菜籽饼	6.0	6.0
麸皮	8.0	4.0
米糠	9.43	0
鱼粉	5.0	2.0
骨粉	2.0	2.0
贝壳粉		4.0
四号粉	2.0	4.0
食盐	0.4	0.4
蛋氨酸	0.17	0
预混料	1.0	1.0
合计	100.0	100.0
营养水平		
粗蛋白/%	18.3	15.3
代谢能/(兆焦/千克)	12.01	12.04

表 5-24　产蛋鹅及种鹅饲料配方

配方	饲料原料及配比/%	营养水平
1	玉米 61、豆粕 8.7、棉籽粕 3.5、葵花粕 6.0、麦麸 10.0、饲料酵母 2.0、石粉 3.6、骨粉 4.3、食盐 0.4、添加剂 0.5	粗蛋白质≥15.0%；代谢能 11.07 兆焦/千克；钙≥2.4%；磷≥0.7%

续表

配方	饲料原料及配比/%	营养水平
2	玉米 40.8、高粱 19.6、菜籽粕 4.0、豆粕 18.0、麦麸 8.0、磷酸氢钙 4.9、石粉 3.8、食盐 0.4、添加剂 0.5	粗蛋白质≥15.5%;代谢能 10.82 兆焦/千克;钙≥2.2%;磷≥1.0%
3	玉米 55,稻谷 8.0、菜籽粕 6.6、豆粕 6.7、麦麸 12.0、血粉 3.4、酸氢钙 3.9、贝壳粉 3.5、食盐 0.4、添加剂 0.5	粗蛋白质≥13.6%;代谢能 10.95 兆焦/千克;钙≥2.2%;磷≥1.0%
4	玉米粉 40.25、粉碎小麦 25、粉碎大麦 10、豆饼粉 13.25、青干草粉 4、石粉 4.5、磷酸二氢钙 1.5、碘盐 0.5、维生素及微量元素添加剂 1	
5	玉米 44、糠饼 12、青糠 13.0、麦麸 4.5、豆饼 12.0、菜籽饼 5.0、棉仁饼 3.0、骨粉 1.0、贝壳粉 5.0、食盐 0.2、蛋氨酸 0.1、微量元素 0.2。另加禽用多维素 0.05%	粗蛋白质 159%;代谢能 11.09 兆焦/千克;粗纤维 5.1%;钙 2.17%;磷 0.73%; 赖氨酸 0.69%; 蛋氨酸 0.32%
6	玉米粉 41.75、小麦次粉 15.0、碎大麦 10.0、豆饼粉 22.5、青干草粉 5.0、石粉 3.25、磷酸氢钙 0.75、碘化食盐 1.0、微量元素添加剂 0.25、维生素添加剂 0.5	

注：鹅产蛋前 1 个月左右，应改喂种鹅饲料。

二、肉鹅的饲料配方

见表 5-25～表 5-41。

表 5-25 商品肉鹅饲料配方一 单位：%

组成	0～3或4周龄				5周龄至上市			
	配方 1	配方 2	配方 3	配方 4	配方 1	配方 2	配方 3	配方 4
玉米	48.8	47.3	51.5	45	55.5	47.7	52.0	40.8
高粱				15.7				
小麦	10.0	7.0	10.0					23.0
稻谷	2.8	7.0				11.0	15.0	
米糠					11.0	7.0	3.0	8.0
次麦粉	5.0	5.0						

续表

组成	0～3或4周龄				5周龄至上市			
	配方1	配方2	配方3	配方4	配方1	配方2	配方3	配方4
麦麸			9.0	6.6	14.2	13.7	13.4	11.7
豆粕	25.0	29.0	20.0	29.5	15.0	14.0	11.0	
花生粕						3.0		12.5
菜籽粕	2.0	2.0	3.0		1.5		2.5	
鱼粉	3.6		4.0					1.0
磷酸氢钙	1.2	1.2	0.8	1.4				1.2
石粉	0.8	1.0	0.9	1.0		0.6	0.5	
骨粉					2.0	2.2	1.8	1.1
食盐	0.3		0.3	0.3	0.3	0.3	0.3	0.2
0.5%预混料	0.5	0.5	0.5	0.5	0.5	0.5	0.5	0.5
合计	100	100	100	100	100	100	100	100

表5-26　商品肉鹅饲料配方二　　单位：%

组成	0～3或4周龄				5周龄至上市			
	配方1	配方2	配方3	配方4	配方1	配方2	配方3	配方4
玉米	56	54.5	68	56.0	55.8	58.7	52	40.3
米糠		4.0					12.1	9.6
草粉								20.0
麦麸	15.0	15.0	3.0	16.0	21.0	7.0	8.0	8.0
豆粕	21.5	20.0	24.0	21.0	12.5		14.0	20
菜籽粕	5.0		3.0	5.0	8.0	14.5	6.0	
棉籽粕						15.3		
鱼粉							5.0	
肉骨粉		5.0						
磷酸氢钙	0.8				0.9	3.0		
石粉	0.9				1.0	0.6		0.4
骨粉		0.7	1.2	1.2			2.0	0.8

续表

组成	0～3或4周龄				5周龄至上市			
	配方1	配方2	配方3	配方4	配方1	配方2	配方3	配方4
食盐	0.3	0.3	0.3	0.3	0.3	0.4	0.4	0.4
预混剂	0.5	0.5	0.5	0.5	0.5	0.5	0.5	0.5
合计	100	100	100	100	100	100	100	100

表5-27 商品肉鹅饲料配方三 单位：%

组成	0～3或周龄4周龄				5周龄至上市			
	配方1	配方2	配方3	配方4	配方1	配方2	配方3	配方4
玉米	53.0	58.0	43.5	57.6	40	50.0	41.7	45.0
稻谷			19.0		15.0			15.0
小麦	7.0			6.9				
次粉	5.0	5.0	5.0					
米糠	5.5	5.5	9.5		10.0	23.7	12.5	9.9
草粉	7.4	7.0					5.0	
麦麸				3.8	20.0	15.0	15.0	14.0
豆粕	15.0	17.5	15.0	19.3		5.0	15.0	10.0
花生粕				2.5				
菜籽粕	4.0	4.0	5.0	2.5	10.0			5.0
鱼粉				4.3		3.2	7.0	
肉骨粉					3.0			
磷酸氢钙	0.7	0.6	0.5	1.0				
石粉	1.0	1.0	1.2	0.8		0.3	2.0	
骨粉	0.4	0.4	0.3	0.3	1.0	2.0	1.0	0.3
食盐	0.5	0.5	0.5	0.5	0.5	0.3	0.3	0.3
预混剂	0.5	0.5	0.5	0.5	0.5	0.5	0.5	0.5
合计	100	100	100	100	100	100	100	100

表 5-28　商品肉鹅饲料配方四　　单位：%

组成	0～3或4周龄				5周龄至上市			
	配方1	配方2	配方3	配方4	配方1	配方2	配方3	配方4
玉米	28.0	65.0	50	32.8	62.0	57.0	40.0	32.0
小麦	25.0		24.0	28.6				30.8
大麦	19.0		10.0					
啤酒糟		15.2			8.0	13.0		
草粉				5.0			18.0	5.0
麦麸	5.0						15.0	4.5
豆粕	5.0	8.5	12.5	3.0	6.6	9.5		
花生粕	3.0			3.0				10.0
菜籽粕	2.0	7.5		8.0	7.2	7.0	10.0	
酵母蛋白	5.0			10.0	5.0			10.0
蚕蛹						3.3	15.5	
鱼粉	3.0			3.0				3.0
肉粉	1.0			2.5	8.0	7.0		1.0
磷酸氢钙		2.9	1.0					
石粉	2.0		1.5	2.5				2.5
骨粉	1.1			1.0	2.4	2.4	0.7	0.5
食盐	0.4	0.4	0.5	0.3	0.3	0.3	0.3	0.2
预混剂	0.5	0.5	0.5	0.5	0.5	0.5	0.5	0.5
合计	100	100	100	100	100	100	100	100

表 5-29　商品肉鹅饲料配方五　　单位：%

组成	0～3或4周龄			5周龄至上市			
	配方1	配方2	配方3	配方1	配方2	配方3	配方4
玉米	38.5	44.5	40.6	40	43.0	35.0	40
高粱	20.0	20.0	15.0	20	25.0	20	15.0
小麦							13.0
米糠			2.5			13.0	

续表

组成	0～3或4周龄			5周龄至上市			
	配方1	配方2	配方3	配方1	配方2	配方3	配方4
麦麸	12.5	9.9	6.0	12.0	6.0	10.0	9.5
豆粕	24.5	18.5	22.5	19.0	19.0	10.0	10.0
鱼粉			7.5				
糖蜜	1.0	3.0	1.5	5.0	3.0	2.5	
菜籽粕			1.5			7.1	7.2
猪油			0.5	0.6	0.6		0.8
肉骨粉		1.0					
磷酸氢钙	1.7	1.4	0.8	1.6	1.6	0.8	1.0
石粉	1.0	0.9	0.8	0.9	0.9	0.8	2.5
食盐	0.3	0.3	0.3	0.4	0.4	0.3	0.5
0.5%预混剂	0.5	0.5	0.5	0.5	0.5	0.5	0.5
合计	100	100	100	100	100	100	100

表5-30 商品肉鹅饲料配方六 单位：%

组成	0～3或4周龄			5周龄至上市		
	配方1	配方2	配方3	配方1	配方2	配方3
玉米	62	57	49.0	62	60	46
啤酒糟	8.8	13		14.8	14.5	
曲酒糟				3	4	
大麦			10.0			20.0
次粉			10.0			20.0
脱水青饲料			3.0			1.0
豆粕	6	9.5	20.0	5	3.5	9.0
菜籽粕	7	7		5	8.3	
酵母蛋白	5			3.0		
蚕蛹		3.3			1.5	
鱼粉			3.0			

续表

组成	0～3或4周龄			5周龄至上市		
	配方1	配方2	配方3	配方1	配方2	配方3
肉粉	8.0	7.0	3.0	4.0	5.0	2.0
磷酸氢钙			0.5			0.5
石粉			0.5			0.5
骨粉	2.4	2.4		2.4	2.4	
食盐	0.3	0.3	0.5	0.3	0.3	0.5
0.5%预混剂	0.5	0.5	0.5	0.5	0.5	0.5
合计	100	100	100	100	100	100

表5-31　商品肉鹅饲料配方七　　单位：%

组成	0～3或4周龄				5周龄至上市			
	配方1	配方2	配方3	配方4	配方1	配方2	配方3	配方4
玉米	30	59	37.0	38.0	55.8	48.7	41.7	40.0
米粉	24.0	12.0	15.0	17.0				
次粉	9.0	8.5	8.0	10.0				
草粉							5.0	20.0
麦麸	21.5	2.0	13.5	15.5	21.0	13.0	15.0	8.0
豆粕	5.0	9.0	17.0	9.0	12.5	13.5	15.0	20.0
花生粕						4.0		
菜籽粕					8.0			
红薯藤						13.0		
玉米秸秆粉						5.0		
稻糠							12.8	9.5
鱼粉	8.0	7.5	8.0	8.0			7.0	
糖蜜						2.0		
磷酸氢钙					0.9			
贝壳粉	2.0	1.5	1.0	2.0	1.0		2.0	0.8
骨粉							1.0	0.8

续表

组成	0～3或4周龄				5周龄至上市			
	配方1	配方2	配方3	配方4	配方1	配方2	配方3	配方4
食盐					0.3	0.3		0.4
0.5%预混剂	0.5	0.5	0.5	0.5	0.5	0.5	0.5	0.5
合计	100	100	100	100	100	100	100	100

表5-32 商品肉鹅饲料配方八 单位：%

组成	0～3或4周龄				5周龄至上市			
	配方1	配方2	配方3	配方4	配方1	配方2	配方3	配方4
玉米	56		54.0	46.0	57.0	58.7	62.0	55.5
米糠			4.0	4.0				11.0
碎米		73.0						
啤酒糟					13.0		8.2	
草粉				5.0		7.0		
麦麸	15.0		13.0	17.0				14.2
豆粕	21.0	24.3	23.0	22.0	9.5		6.6	15.0
棉籽粕						15.3		
菜籽粕	5.0				7.0	14.5	7.0	
酵母蛋白							5.0	
蚕蛹					3.3			
鱼粉			3.0	3.0			8.0	1.0
肉粉					7.0			
磷酸氢钙	0.8					3.0		
石粉	0.9	2.0				0.6		
骨粉			2.2	2.2	2.4		2.4	2.0
食盐	0.3	0.2	0.3	0.3	0.3	0.4	0.3	0.3
预混剂	1.0	0.5	0.5	0.5	0.5	0.5	0.5	1.0
合计	100	100	100	100	100	100	100	100

表 5-33 商品肉鹅饲料配方九 单位：%

组成	0～3 或 4 周龄				5 周龄至上市			
	配方 1	配方 2	配方 3	配方 4	配方 1	配方 2	配方 3	配方 4
玉米	54.5	55.0	54.0	46.0	40.5	50.0	50.0	45.0
米糠	4.0	6.5	4.0	4.0		9.6	24.0	10.0
碎米								5.0
草粉				5.0	18.0	20.0		
麦麸	15.0	11.0	13.0	17.0	15.0	8.0	14.5	14.0
豆粕	20.0	20.0	23.0	22.0		2.0	5.0	10.0
菜籽粕					10.0	5.0		5.0
蚕蛹					15.0			
鱼粉		3.0	3.0	3.0		3.3	3.2	
肉骨粉	5.0							
磷酸氢钙		2.2						
石粉						0.4	0.3	
骨粉	0.7	1.0	2.2	2.2	0.7	0.8	2.0	
食盐	0.3	0.3	0.3	0.3	0.3	0.4	0.5	
预混剂	0.5	1.0	0.5	0.5	0.5	0.5	0.5	1.0
合计	100	100	100	100	100	100	100	100

表 5-34 商品肉鹅饲料配方十 单位：%

组成	0～3 或 4 周龄				5 周龄至上市			
	配方 1	配方 2	配方 3	配方 4	配方 1	配方 2	配方 3	配方 4
玉米	62.0	58.0	58.0	43.5	62.0	57.0	22.0	32.0
稻谷				18.0				
小麦							40.0	30.8
大麦							6.0	
次粉			5.0	5.0				
啤酒糟	14.8	15.5			8.2	13.0		
曲酒糟	3.0	4.0						

续表

组成	0～3或4周龄				5周龄至上市			
	配方1	配方2	配方3	配方4	配方1	配方2	配方3	配方4
草粉			6.0				3.0	5.0
米糠			7.0	10.0	6.6			
豆粕	5.0	3.5	17.5	15.0	2.4	9.5		
葵花粕							9.0	14.0
菜籽粕	5.0	8.3	4.0	5.0	7.0	7.0	3.4	
酵母蛋白	3.0				5.0	2.4	7.0	10.0
蚕蛹		2.5				3.3		
鱼粉							7.0	3.0
肉骨粉	5.4	6.0			8.0	7.0		1.0
磷酸氢钙			0.6	1.7				
石粉			1.0	1.0			2.0	3.0
骨粉	1.0	1.4						
食盐	0.3	0.3	0.4	0.3	0.3	0.3	0.1	0.2
预混剂	0.5	0.5	0.5	0.5	0.5	0.5	0.5	1.0
合计	100	100	100	100	100	100	100	100

表 5-35　商品肉鹅饲料配方十一　　单位：%

组成	0～3或4周龄		5周龄至上市				
	配方1	配方2	配方1	配方2	配方3	配方4	配方5
玉米	44.0	46.0	40	52	34.8	40.0	28.6
次粉		8.0					8.0
高粱	18.0			14.0	20.0	20.0	
米糠			8.0		13.0		
麦麸	10.0	14.6	10.0	13.0	10.0	12.0	44.0
小麦			22.5				
豆粕	23.5	7.0		10.5	15.2	19.0	
菜粕		5.0					5.0

续表

组成	0～3或4周龄		5周龄至上市				
	配方1	配方2	配方1	配方2	配方3	配方4	配方5
棉籽粕		8.0					1.0
花生粕			14.0	7.0			
DDGS		8.0					10.0
糖蜜	1.0				3.0	5.0	
猪油					0.6	0.6	
肉骨粉			2.7				
磷酸氢钙	1.7	0.7	1.0		1.6	1.6	0.7
石粉	1.0	1.6		0.5	0.9	0.9	1.3
芒硝		0.3					0.3
骨粉			1.1	2.2			
食盐	0.3	0.25	0.2	0.3	0.4	0.4	0.25
L-赖氨酸		0.05					0.27
DL-蛋氨酸							0.08
0.5%预混剂	0.5	0.5	0.5	0.5	0.5	0.5	0.5
合计	100	100	100	100	100	100	100

注：5周龄至上市鹅饲料配方2和配方5的0.5%预混料中除含有维生素、微量元素外，还添加有5%的植酸酶、2%的大蒜素、6%的甜菜碱以及抗球虫药。

表5-36 商品肉鹅饲料配方十二

生长期		饲料原料及配比
1～20日龄	配方1	玉米60%、麦麸13%、鱼粉5%、豆粕19.5%、贝壳粉1.5%、预混料1%
	配方2	玉米60%、麦麸10%、豆粕25%、血粉1.5%、贝壳粉2.5%、预混料1%
	配方3	玉米52.7%、麸皮10%、草粉4%、花生饼20%、鱼粉5%、酵母5%、贝壳粉1%、骨粉1%、食盐0.3%、预混剂1%
	配方4	玉米50.5%、鱼粉8%、花生饼10%、米糠20%、统糠10%、石灰石或贝壳粉0.5%、预混料1%

续表

生长期		饲料原料及配比
20～30日龄	配方1	玉米55%、麸皮19.5%、米糠8.0%、豆粕15%、贝壳粉1.5%、预混料1%
	配方2	玉米55%、麸皮10%、米糠9%、豆粕22%、贝壳粉3%、预混料1%
	配方3	玉米20%、鱼粉4%、花生饼4%、米糠10%、统糠60%、贝壳粉或石灰石1%、预混料1%
30～45日龄	配方1	玉米44%、鱼粉6%、麸皮10%、米糠14%、豆粕10%、贝壳粉7.5%、羽毛粉2.5%、预混料1%
	配方2	玉米45%、麸皮10%、米糠19%、豆粕15%、贝壳粉7.5%、羽毛粉2.3%、食盐0.2%、预混料1%
	配方3	玉米44%、麸皮12.5%、米糠19%、豆粕16%、贝壳粉7.3%、食盐0.2%、预混料1%
育肥期	配方1	玉米51%、麸皮10%、米糠19%、豆饼10%、棉籽饼5%、食盐0.2%、油2%、贝壳粉2.8%
	配方2	玉米面55%(或有15%稻谷)、麦麸19%、米糠10%、菜仔饼11%、鱼粉3.7、骨粉1%、食盐0.3%

注：饲喂时可搭配20%～40%的青绿饲料。

表5-37　肉鹅饲料配方　　单位：%

组成	1～10日龄	11～30日龄	31～60日龄	60日龄以上	自然育肥
玉米	61.0	41.0	11.0	11.0	65.5
麦麸	10.0	25.0	40.0	46.0	21.0
草粉	5.0	5.0	20.0	25.0	4.0
大豆粕	15.0	15.0	15.0	15.0	7.0
鱼粉	2.0	3.0	4.0		
肉骨粉	3.0	7.0	6.0		
贝壳粉	2.0	2.0	2.0	2.0	1.0
砂砾	1.0	1.0	1.0	1.0	1.0
食盐	1.0	1.0	1.0		0.5
合计	100	100	100	100	100

表 5-38　狮头鹅饲料配方　　单位：%

组成	1～28 日龄	35～56 日龄	63～70 日龄
玉米	53.7	58.8	59.9
麦麸	5.0		
米糠	4.0		
草粉	10.0	19.0	25.0
花生粕	4.0	13.2	12.7
大豆粕	17.3	5.0	
鱼粉	5.0	3.0	
牛油			1.4
骨粉	1.0	1.0	1.0
合计	100	100	100
另外添加/(克/吨)			
多种维生素	150	1000	100
喹乙醇	25.0	25.0	25.0
蛋氨酸	600.0	400.0	500.0
赖氨酸		1000.0	2100.0
微量元素	500.0	500.0	500.0
食盐	2000.0	2000.0	2000.0
过磷酸钙	2000.0	2000.0	2000.0

注：21 日龄前放牧搭配少量青料，21 日龄后圈养饲喂配合饲料。

表 5-39　豁眼鹅日粮配方

日　龄	1～30日龄	31～90日龄	91～180日龄	成年鹅
玉米	47	47	27	33
麸皮	9	14	32	24
豆粕	20	15	5	11
谷糠	12	13	30	25
鱼粉	8	7	2	3
骨粉	1	1	1	1

续表

日　龄	1～30日龄	31～90日龄	91～180日龄	成年鹅
贝壳粉	2	2	2	2
预混料	1.0	1.0	1.0	1.0
营养水平				
代谢能/(兆焦/千克)	12.08	12.00	11.10	13.80
粗蛋白/%	20.29	18.38	14.39	16.30
钙/%	1.55	1.50	1.96	2.35
磷/%	0.74	0.76	1.05	1.06

表 5-40　雏鹅配方

序数	饲料原料及配比/%	营养水平
配方 1	玉米 56、啤酒糟 8.1、豆粕 24、菜籽饼 8、磷酸氢钙 3、食盐 0.4、添加剂 0.5	粗蛋白质≥19.5%；代谢能 11.42 兆焦/千克；钙≥0.8%；磷≥0.6%
配方 2	玉米 45、高粱 15、豆粕 29.5、麦麸 6.9、磷酸氢钙 2.4、石粉 0.3、食盐 0.4、添加剂 0.5	粗蛋白质≥19.2%；代谢能 11.86 兆焦/千克；钙≥0.7%；磷≥0.6%
配方 3	玉米 60、葵花粕 8、豆粕 22、菜籽粕 3.7、骨粉 5.4、食盐 0.4、添加剂 0.5	粗蛋白质≥18.9%；代谢能 11.36 兆焦/千克；钙≥1.0%；磷≥0.6%
配方 4	玉米 54、鱼粉 4、豆粕 22.4、麦麸 9、稻糠 7、贝壳粉 2.7、食盐 0.4、添加剂 0.5	粗蛋白质≥18.4%；代谢能 11.48 兆焦/千克；钙≥1.0%；磷≥0.6%
配方 5	玉米 55、血粉 2.3、豆粕 17.2、麦麸 7.0、稻谷 9.2、棉籽粕 5.8、磷酸氢钙 2.6、食盐 0.4、添加剂 0.5	粗蛋白质≥17.8%；代谢能 11.56 兆焦/千克；钙≥0.7%；磷≥0.5%
配方 6	玉米 48.4、小麦次粉 10.0、碎大麦 10.0、青干草粉 3.0、鱼粉 6.0、豆粕 20.0、石粉 0.5、磷酸氢钙 0.5、碘化食盐 0.35、微量元素添加剂 0.25、维生素添加剂 0.25、砂粒 0.75	
配方 7	玉米粉、高粱粉或大米粉 61、豆饼或花生饼粉 16、米糠或麸皮 9.5、种子、草籽或干草粉 5.0、鱼粉 5.0、贝壳粉 1.8、食盐 0.5、砂粒 0.7、预混剂 0.5	

说明：雏鹅开食后，最好是喂给配合饲料。喂食时，先喂青料再喂配合料，也可将青料与配合料湿拌混合后喂雏鹅。

表 5-41 肉用仔鹅育肥期饲料配方

配方	饲料原料及配比/%	营养水平
1	玉米 38、小麦 25、大麦 19.4、葵花粕 5、饲料酵母 5、鱼粉 3、肉骨粉 1、骨粉 0.7、贝壳粉 2、食盐 0.4、添加剂 0.5	粗蛋白质≥15.0%；代谢能 12.0 兆焦/千克；钙≥0.8%；磷≥0.6%
2	玉米 65、酒糟 15.2、菜籽粕 7.5、豆粕 8.5、磷酸氢钙 2.9、食盐 0.4、添加剂 0.5	粗蛋白质≥15.5%；代谢能 11.7 兆焦/千克；钙≥0.8%；磷≥0.6%
3	玉米 61.3、麦麸 10.8、豆粕 17、稻糠 7.2、贝壳粉 2.8、食盐 0.4、添加剂 0.5	粗蛋白质≥15.0%；代谢能 11.77 兆焦/千克；钙≥1.0%；磷≥0.6%
4	玉米 58.7、菜籽粕 14.5、棉籽粕 15.3、麦麸 7、石粉 0.6、磷酸氢钙 3.0、食盐 0.4、添加剂 0.5	粗蛋白质≥16.0%；代谢能 11.04 兆焦/千克；钙≥0.8%，磷≥0.6%
5	玉米或大麦 60.0、29.5、豆饼 8.0、食盐 1.0、砂粒 1.0、维生素及微量元素添加剂 0.5	

第六章　配合饲料的质量管理

第一节　配合饲料的质量要求

一、肉仔鹅精料补充料国内贸易部行业标准

1. 技术要求

(1) 感官指标　色泽一致，无发霉、变质、结块及异味、异臭。

(2) 水分　北方不高于14%；南方不高于12.5%。有下列情况之一时允许增加0.5%：平均气温在10℃以下；从出厂到饲喂期限不超过10天者；配合饲料中添加有规定量的防霉剂。

(3) 粉碎粒度　肉用仔鹅精料补充料99%通过3.35毫米编织筛；1.70毫米编织筛上物不得大于15%。

(4) 混合均匀度　混合均匀，变异系数不得大于10%。

2. 营养成分指标

见表6-1。

表6-1　肉用仔鹅精料补充料营养指标

时期	粗蛋白质/% ≤	粗纤维/% ≤	粗灰分/% ≤	钙/%	磷/%	食盐/%	代谢能/(兆焦/千克) ≥
前期	18.0	7.0	8.0	0.80～1.50	0.60	0.30～0.80	10.9
中期	16.0	8.0	8.0	0.80～1.50	0.60	0.30～0.80	11.3

注：各项营养成分指标的计算基准一律以87.5%的干物质含量折算。

3. 标签、包装、运输和贮存

(1) 标签　标签应符合GB 10648的要求，凡添加药物饲料添加剂的饲料，在标签上应注明药物名称及含量。

(2) 包装、运输、贮存 配合饲料包装、运输和贮存必须符合保质保量、运输安全和分类、分等贮存的要求，严防污染。

二、饲料及添加剂卫生标准

饲料卫生标准 1991 年制订，2001 年进行了修订，它规定了饲料、饲料添加剂原料和产品中有害物质及微生物的允许量及其试验方法，是强制实行标准。具体规定见表 6-2。

表 6-2 饲料添加剂卫生标准

<table>
<tr><th>序号</th><th>卫生指标项目</th><th>产品名称</th><th>指标</th><th>试验方法</th><th>备注</th></tr>
<tr><td rowspan="9">1</td><td rowspan="9">砷（以总砷计）的允许量/(毫克/千克)</td><td>石粉</td><td>≤2</td><td rowspan="9">GB/T 13079</td><td rowspan="7">不包括国家主管部门批准使用的有机砷制剂中的砷含量</td></tr>
<tr><td>硫酸亚铁、硫酸镁、磷酸磷</td><td>≤20</td></tr>
<tr><td>沸石粉、膨润土、麦饭石</td><td>≤10</td></tr>
<tr><td>硫酸铜、硫酸锰、硫酸锌、碘化钾、碘酸钙、氯化钴</td><td>≤5</td></tr>
<tr><td>氧化锌</td><td>≤10</td></tr>
<tr><td>鱼粉、肉粉、肉骨粉</td><td>≤10</td></tr>
<tr><td>家禽、猪配合饲料</td><td>≤2</td></tr>
<tr><td>猪、家禽浓缩饲料</td><td rowspan="2">≤10</td><td>以在配合饲料中 20% 的添加量计</td></tr>
<tr><td>猪、家禽添加剂预混合</td><td>以在配合饲料中 1% 的添加量计</td></tr>
</table>

续表

序号	卫生指标项目	产品名称	指标	试验方法	备注
2	铅(以 Pb 计)的允许量/(毫克/千克)	生长鸭、产蛋鸭、肉鸭配合饲料	≤5	GB/T 13080	
		骨粉、肉骨粉、鱼粉、石粉	≤10		
		磷酸盐	≤30		
3	氟(以 F 计)的允许量/(毫克/千克)	鱼粉	≤50	GB/T 13083	高氟饲料用 HG 2636—1994 中 4.4 条
		石粉	≤2000		
		磷酸盐	≤1800	HG 2636	
		骨粉、肉骨粉	≤1800	GB/T 13083	
		猪、禽添加剂预混料	≤1000		以在配合饲料中 1% 的添加量计
4	霉菌的允许量/(每千克产品中霉菌数 $\times 10^3$ 个)	玉米	<40	GB/T 13092	限量饲用 40～100 禁用>100
		小麦麸、米糠	<50		限量饲用 40～100 禁用>80
		豆饼(粕)、棉籽饼(粕)	<20		限量饲用 50～100 禁用>100
		菜籽饼(粕)	<35		
		鱼粉、肉骨粉、鸭配合饲料			限量饲用 20～50 禁用>50
5	黄曲霉毒素 B_1 允许量/(微克/千克)	玉米	≤50	GB/T 17480 或 GB/T 8381	
		花生、棉籽饼、菜籽饼(粕)			
		豆粕	≤30		
		肉用仔鸭前期、雏鸭配合饲料及浓缩饲料	≤10		
		肉用仔鸭后期、生长鸭、产蛋鸭配合饲料及浓缩饲料	≤15		

续表

序号	卫生指标项目	产品名称	指标	试验方法	备注
6	铬(以 Cr 计)的允许量/(毫克/千克)	皮革蛋白粉	≤200	GB/T 13088	
		鸡配合饲料、猪配合饲料	≤10		
7	汞(以 Hg 计)的允许量/(毫克/千克)	鱼粉石粉	≤0.5	GB/T 13081	
		鸡配合饲料、猪配合饲料	≤0.1		
8	镉(以 Cd 计)的允许量/(毫克/千克)	米糠	≤1.0	GB/T 13082	
		鱼粉	≤2.0		
		石粉	≤0.75		
9	氰化物(以 HCN 计)的允许量/(毫克/千克)	木薯干	≤100	GB/T 13084	
		胡麻饼(粕)	≤350		
		鸡配合饲料、猪配合饲料	≤50		
10	亚硝酸盐(以 $NaNO_2$ 计)的允许量/(毫克/千克)	鱼粉	≤60	GB/T 13085	
		鸡配合饲料、猪配合饲料	≤15		
11	游离棉酚的允许量/(毫克/千克)	棉籽饼(粕)	≤1200	GB/T 13086	
		肉用仔鸡、生长鸡配合饲料	≤100		
		产蛋鸡配合饲料	≤20		
12	异硫氰酸酯(以丙烯基异硫氰酸酯计)的允许量/(毫克/千克)	菜籽饼(粕)	≤4000	GB/T 13087	
		鸡配合饲料	≤500		
13	噁唑烷硫铜的允许量	肉用仔鸡、生长鸡配合饲料	≤10000	GB/T 13089	
		产蛋鸡配合饲料	≤500		
14	六六六的允许量/(毫克/千克)	米糠、小麦麸、大豆饼(粕)、鱼粉	≤0.05	GB/T 13090	
		肉用仔鸡、生长鸡配合饲料、产蛋鸡配合饲料	≤0.3		

续表

序号	卫生指标项目	产品名称	指标	试验方法	备注
15	滴滴涕的允许量/(毫克/千克)	米糠、小麦麸、大豆饼(粕)、鱼粉	≤0.02	GB/T 13090	
		鸡配合饲料、猪配合饲料	≤0.2		
16	沙门氏杆菌	饲料	不得检出	GB/T 13091	
17	细菌总数的允许量/(每千克产品中细菌总数×10^6个)	鱼粉	<2	GB/T 13093	限量饲用2～5 禁用>5

注：1. 所列允许量为以干物质含量为88%的饲料为基础计算。

2. 浓缩饲料、添加剂预混合饲料添加比例与本标准备注不同时，其卫生指标允许量可进行折算。

三、饲料的质量鉴定

见表6-3。

表6-3 饲料的质量鉴定

项目	方法
一般感官	(1)视觉 观察饲料的性状、色泽、有无霉变、结块、虫子、异物、夹杂物等
	(2)嗅觉 通过嗅觉鉴别有无霉臭、腐臭、氨臭、焦臭等异味
	(3)触觉 用手指捻动感觉粒度大小、硬度、黏稠度、有无夹杂物或水分多少等
物理鉴定	(1)筛分法 根据饲料不同，采用不同孔径的筛子，测定混入的异物或大致粒度，采用USA筛可以准确测定饲料的粒度
	(2)容重称量法 饲料有其固有的密度，测定饲料的容重，与标准容重比较，即可测出饲料中是否混有杂质或饲料的质量状况如何
	(3)比重法 将饲料倒入各种比重液中，查看样品的沉浮，判别有无沙土、稻壳、花生皮、锯末等
	(4)镜检法 用放大镜或解剖显微镜将试样放大10～50倍观察，或加入透明剂或药物更易处理
化学鉴定	饲料中的水分、蛋白质、粗纤维、钙、磷、铁、铜、锰、脲酶活性、黄曲霉毒素等进行实验室测定，测定方法可按国家标准执行

第二节　配合饲料的质量控制

一、饲料配方的质量控制

配方是饲料配合技术的关键所在，直接决定饲料质量。要有高质量的配合饲料，必须有科学的饲料配方。配方设计者要做充分的调查和研究，掌握鹅的不同类型、品种、生理阶段的不同生理特点和各种饲料原料的主要特性及配伍特性，根据市场需求，充分合理地利用本地的饲料资源，灵活使用饲养标准，结合当地实际情况和本场情况设计具有特色的不同档次、不同品种、最低成本、适用性好的配方。

设计的配方最好经过饲养试验，筛选出最佳配方，使配方在饲喂效果及价格上应具有竞争性，同时注意配方的安全性与卫生性，所设计的配方所有的卫生指标应符合国家有关卫生标准，不得使用β-兴奋剂等违禁药品；其次应加强配方的保密性，所有的原始配方和更改后的配方都应按序号留存归档，以便日后查用。

配方一旦应用，不得随意改动，当原料变化时，应及时调整配方。所设计的配方除能满足动物的营养需要外，还要照顾生产工艺流程，以保证加工质量，如遇有不能执行的情况，应立即报告质量控制机构，以便采取相应的技术措施。

二、原料的质量控制

有了先进的配方，若没有高质量的原料，也不会生产出高质量的配合饲料，原料的质量控制是基础和关键。

（一）采购的原料符合标准要求

原料的采购是配合饲料质量管理的第一个关键环节，采购的原料不符合标准要求，配合的饲料质量也就不能保证。

1. 按照标准选择和购买原料

饲料原料都有质量标准，有的是国家标准，有的是行业标准，饲料生产企业也可以根据企业情况和客户要求制定企业标准，在选择和采购原料时一定严格执行质量标准，不符合质量标准和卫生要求的饲料原料，无论价格多么便宜都不能购买。

2. 严格抽检

在购入原料前，应对其进行抽样检验，经检验合格的原料方可购入，以防不合格的原料发至饲料厂，造成退货或积压等麻烦。主要检验指标有感官检查（如色泽，气味，手感，有无霉变、结块、杂质等）、水分含量测定等。对不合格的产品拒绝接收；对合格的产品，要根据该原料的主要营养特性和卫生标准要求做进一步的检测。

（二）原料合理贮藏

在正常情况下，购入的原料一般在使用前会在仓库里存放一定的时间，边取边用。在原料存放期间，尽可能减少原料在贮藏过程中的损失，维持其原有的状态和营养特性。

1. 先入先用

入库的原料实行挂牌存贮，标明原料的品种、产地、入库时间、质量、件数及主要营养成分含量、垛号等，先入库的先用。要做好每日原料和添加剂的领出量和存留量的记录。

2. 定期检查

要定期观察贮存原料的温度、水分、有无霉变等，发现异常时应及时进行挑拣、翻垛、提前使用处理等。大宗和使用时间长的饲料原料要定期进行抽样检查。发生霉坏或有异议的原料不能随便投入生产，要经有关人员检验后视情况做出处理意见后方可使用。

3. 环境适宜

原料贮藏厂库要保持干燥，通风良好。对存放添加剂或易吸潮的原料，注意通风，使用防潮板。

三、生产加工的质量管理

生产加工的质量管理是生产合格饲料的又一个重要环节，质量管理注意如下方面：一是领取符合标准要求的原料，对霉坏、结块的原料应拒绝领取；二是原料的种类、数量必须与饲料配方的原料组成相符，不能随意增减饲料原料的数量或更换饲料原料；三是保持加工设备干净。配料前要清理干净饲料机械中残留的饲料，避免混料；四是按照要求粉碎饲料，特别要注意饲料的粉碎粒度；五是混合均匀，饲料混合不均匀，则配方在无形中发生了更改，饲料产品的质量就会受到影响，甚至引起动物的中毒或死亡等。饲料混合的时间和方法要得当，对一些微量成分应先进行预混合，再与大宗饲料原料一起混合。

四、配合饲料的安全贮存

（一）配合饲料贮存的环境条件控制

1. 水分和湿度的控制

配合饲料贮存时的水分含量一般要求在12%以下，如果将水分含量控制在10%以下，则任何微生物都不能生长。配合饲料的水分含量大于12%，或空气湿度大，配合饲料在贮存期间必须保持干燥，包装要用双层袋，内用不透气的塑料袋，外用编织袋包装。注意贮存环境特别是仓库要经常保持通风、干燥。

2. 温度的控制

温度低于10℃时，霉菌生长缓慢，高于30℃则生长迅速，使饲料质量迅速变坏，饲料中不饱和脂肪酸在温度高、湿度大的情况下，也容易氧化变质。因此配合饲料应贮于低温通风处。库房应具有防热性能，防止日光辐射热量透入，仓顶要加刷隔热层；墙壁涂成白色，以减少吸热。仓库周围可种树遮阴，以改善外部环境，调节室内小气候，确保贮藏安全。

3. 虫害、鼠害的预防

贮存中影响害虫繁殖的主要因素是温度、相对湿度和饲料含水量。一般贮粮害虫的适宜生长温度为26～27℃，相对湿度为10%～50%。一般蛾类吃食饲料表层，甲虫类则全层为害。为避免虫害和鼠害，在贮藏饲料前，应彻底清洁仓库内壁、夹缝及死角，堵塞墙角漏洞，并进行密封熏蒸处理，以有效地防控虫害和鼠害，最大限度减少其造成的损失。

（二）不同配合饲料的安全贮存

1. 预混合饲料

预混合饲料一般要求在低温、干燥、避光处贮藏。包装要密封；许多矿物盐能促使维生素分解，因此矿物质添加剂不宜和维生素混在一起贮存；预混料为避免氧化降低效价，应加入抗氧化剂，如BHT、乙氧基喹啉等；贮存时间直接影响添加剂的效价，某些维生素添加剂每月损失量达5%～10%，其产品应做到快产、快销、快用。各种添加剂最好能在短期内用完，切忌长期贮存，更不要今年购进，明年才用。

2. 浓缩饲料

浓缩饲料含蛋白质丰富，含有微量元素和维生素，其导热性差，易吸湿，微生物和害虫容易滋生，维生素也易被光、热、氧等因素破坏失效。浓缩饲料中应加入防霉剂和抗氧化剂，以增加耐贮藏性。一般贮藏3～4周，要及时销出或使用。

3. 全价饲料

(1) 全价颗粒饲料　全价颗粒饲料因用蒸汽调制或加水挤压而成，大量的有害微生物和害虫被杀死，且间隙大，含水量低，糊化淀粉包住维生素，故贮藏性能较好，只要防潮、通风、避光贮藏，短期内不会霉变，维生素破坏较少。

(2) 全价粉状饲料　全价粉状饲料，表面积大，孔隙度小，导热性差，容易返潮，脂肪和维生素接触空气多，易被氧化和受到光的破坏，因此，此种饲料不宜久存。一般贮存2～3周，就要及时销售或在安全期内使用。

附　录

一、中国饲料成分及营养价值表（2012年　第23版）

见附表1-1～附表1-5。

以下表中，“—”表示未测值，“*”表示典型值，数据空白代表“0”。所有数值，无特别说明者，均表示为饲喂状态的含量数值。

附表1-1　饲料描述及干物质含量

序号	饲料名称	饲料描述	中国饲料号 CFN	干物质 /%
1	玉米	成熟，高蛋白质，优质	4-07-0278	86.0
2	玉米	成熟，高赖氨酸，优质	4-07-0288	86.0
3	玉米	成熟，GB/T 17890—1990，1级	4-07-0279	86.0
4	玉米	成熟，GB/T 17890—1990，2级	4-07-0280	86.0
5	高粱	成熟，NY/T，1级	4-07-0272	86.0
6	小麦	混合小麦，成熟，GB 1351—2008，2级	4-07-0270	88.0
7	大麦(裸)	裸大麦，成熟，GB/T 11760—2008，2级	4-07-0274	87.0
8	大麦(皮)	皮大麦，成熟，GB 10367—89，1级	4-07-0277	87.0
9	黑麦	籽粒，进口	4-07-0281	88.0
10	稻谷	成熟，晒干，NY/T，2级	4-07-0273	86.0
11	糙米	除去外壳的大米，GB/T 18810—2002，1级	4-07-0276	87.0
12	碎米	加工精米后的副产品，GB/T 5503—2009，1级	4-07-0275	88.0
13	粟(谷子)	合格，带壳，成熟	4-07-0479	86.5
14	木薯干	木薯干片，晒干，GB 10369—89，合格	4-04-0067	87.0
15	甘薯干	甘薯干片，晒干，NY/T 121—89，合格	4-04-0068	87.0

续表

序号	饲料名称	饲料描述	中国饲料号 CFN	干物质/%
16	次粉	黑面，黄粉，下面，NY/T 211—92，1级	4-08-0104	88.0
17	次粉	黑面，黄粉，下面，NY/T 211—92，2级	4-08-0105	87.0
18	小麦麸	传统制粉工艺，GB 10368—89，1级	4-08-0069	87.0
19	小麦麸	传统制粉工艺，GB 10368—89，2级	4-08-0070	87.0
20	米糠	新鲜，不脱脂，NY/T，2级	4-08-0041	87.0
21	米糠饼	未脱脂，机榨，NY/T，1级	4-10-0025	88.0
22	米糠粕	浸提或预压浸提，NY/T，1级	4-10-0018	87.0
23	大豆	黄大豆，成熟，GB 1352—86，2级	5-09-0127	87.0
24	全脂大豆	湿法膨化，GB 1352—86，2级	5-09-0128	88.0
25	大豆饼	机榨，GB 10379—89，2级	5-10-0241	89.0
26	大豆粕	去皮，浸提或预压浸提，NY/T，1级	5-10-0103	89.0
27	大豆粕	浸提或预压浸提，NY/T，2级	5-10-0102	89.0
28	棉籽饼	机榨，NY/T 129—1989，2级	5-10-0118	88.0
29	棉籽粕	浸提，GB 21264—2007，1级	5-10-0119	90.0
30	棉籽粕	浸提，GB 21264—2007，2级	5-10-0117	90.0
31	棉籽蛋白	脱酚，低温一次浸出，分步萃取	5-10-0220	92.0
32	菜籽饼	机榨，NY/T 1799—2009，2级	5-10-0183	88.0
33	菜籽粕	浸提，GB/T 23736—2009，2级	5-10-0121	88.0
34	花生仁饼	机榨，NY/T，2级	5-10-0116	88.0
35	花生仁粕	浸提，NY/T 133—1989，2级	5-10-0115	88.0
36	向日葵仁饼	壳仁比 35：65，NY/T，3级	1-10-0031	88.0
37	向日葵仁粕	壳仁比 16：84，NY/T，2级	5-10-0242	88.0
38	向日葵仁粕	壳仁比 24：76，NY/T，2级	5-10-0243	88.0
39	亚麻仁饼	机榨，NY/T，2级	5-10-0119	88.0

续表

序号	饲料名称	饲料描述	中国饲料号 CFN	干物质 /%
40	亚麻仁粕	浸提或预压浸提，NY/T，2 级	5-10-0120	88.0
41	芝麻饼	机榨，CP40%	5-10-0246	92.0
42	玉米蛋白粉	玉米去胚芽、淀粉后面的面筋部分，CP60%	5-11-0001	90.1
43	玉米蛋白粉	同上，中等蛋白质产品，CP50%	5-11-0002	91.2
44	玉米蛋白粉	同上，中等蛋白质产品，CP40%	5-11-0008	89.9
45	玉米蛋白饲料	玉米去胚芽、淀粉后的含皮残渣	5-11-0003	88.0
46	玉米胚芽饼	玉米湿磨后的胚芽，机榨	4-10-0026	90.0
47	玉米胚芽粕	玉米湿磨后的胚芽，浸提	4-10-0244	90.0
48	DDGS	玉米酒精糟及可溶物，脱水	5-11-0007	89.2
49	蚕豆粉浆蛋白粉	蚕豆去皮制粉丝后的浆液，脱水	5-11-0009	88.0
50	麦芽根	大麦芽副产品干燥	5-11-0004	89.7
51	鱼粉(CP67%)	进口，GB/T 19164—2003，特级	5-13-0044	92.4
52	鱼粉(CP60.2%)	沿海产的海鱼粉，脱脂，12 样平均值	5-13-0046	90.0
53	鱼粉(CP53.5%)	沿海产的海鱼粉，脱脂，11 样平均值	5-13-0077	90.0
54	血粉	鲜猪血，喷雾干燥	5-13-0036	88.0
55	羽毛粉	纯净羽毛，水解	5-13-0037	88.0
56	皮革粉	废牛皮，水解	5-13-0038	88.0
57	肉骨粉	屠宰下脚料，带骨干燥粉碎	5-13-0047	93.0
58	肉粉	脱脂	5-13-0048	94.0
59	苜蓿草粉（CP 19%）	一茬盛花期烘干，NY/T，1 级	1-05-0074	87.0
60	苜蓿草粉（CP 17%）	一茬盛花期烘干，NY/T，2 级	1-05-0075	87.0
61	苜蓿草粉（CP 14%～15%）	NY/T，3 级	1-05-0076	87.0

续表

序号	饲料名称	饲料描述	中国饲料号 CFN	干物质 /%
62	啤酒糟	大麦酿造副产品	5-11-0005	88.0
63	啤酒酵母	啤酒酵母菌粉，QB/T 1940—94	7-15-0001	91.7
64	乳清粉	乳清，脱水低乳糖含量	4-13-0075	94.0
65	酪蛋白	脱水	5-01-0162	91.0
66	明胶	食用	5-14-0503	90.0
67	牛奶乳糖	进口，含乳糖 80%以上	4-06-0076	96.0
68	乳糖	食用	4-06-0077	96.0
69	葡萄糖	食用	4-06-0078	90.0
70	蔗糖	食用	4-06-0079	99.0
71	玉米淀粉	食用	4-02-0889	99.0
72	牛脂		4-17-0001	99.0
73	猪油		4-17-0002	99.0
74	家禽脂肪		4-17-0003	99.0
75	鱼油		4-17-0004	99.0
76	菜籽油		4-17-0005	99.0
77	椰子油		4-17-0006	99.0
78	玉米油		4-17-0007	99.0
79	棉籽油		4-17-0008	99.0
80	棕榈油		4-17-0009	99.0
81	花生油		4-17-0010	99.0
82	芝麻油		4-17-0011	99.0
83	大豆油	粗制	4-17-0012	99.0
84	葵花油		4-17-0013	99.0

附表 1-2　饲料常规成分

单位：%

中国饲料号 CFN	饲料名称	代谢能/(兆焦/千克)	粗蛋白质	粗脂肪	粗纤维	无氮浸出物	粗灰分	中性洗涤纤维	酸性洗涤纤维	淀粉	钙	总磷	有效磷
4-07-0278	玉米	13.31	9.4	3.1	1.2	71.1	1.2	9.4	3.5	60.9	0.09	0.22	0.09
4-07-0288	玉米	13.60	8.5	5.3	2.6	68.3	1.3	9.4	3.5	59.0	0.16	0.25	0.09
4-07-0279	玉米	13.56	8.7	3.6	1.6	70.7	1.4	9.3	2.7	65.4	0.02	0.27	0.11
4-07-0280	玉米	13.47	7.8	3.5	1.6	71.8	1.3	7.9	2.6	62.6	0.02	0.27	0.11
4-07-0272	高粱	12.30	9.0	3.4	1.4	70.4	1.8	17.4	8.0	68.0	0.13	0.36	0.12
4-07-0270	小麦	12.72	13.4	1.7	1.9	69.1	1.9	13.3	3.9	54.6	0.17	0.41	0.13
4-07-0274	大麦(裸)	11.21	13.0	2.1	2.0	67.7	2.2	10.0	2.2	50.2	0.04	0.39	0.13
4-07-0277	大麦(皮)	11.30	11.0	1.7	4.8	67.2	2.4	18.4	6.8	52.2	0.09	0.33	0.12
4-07-0281	黑麦	11.25	9.5	1.5	2.2	73.0	1.8	12.3	4.6	56.5	0.05	0.30	0.11
4-07-0273	稻谷	11.00	7.8	1.6	8.2	63.8	4.6	27.4	28.7	—	0.03	0.36	0.15
4-07-0276	糙米	14.06	8.8	2.0	0.7	74.2	1.3	1.6	0.8	47.8	0.03	0.35	0.13
4-07-0275	碎米	14.23	10.4	2.2	1.1	72.7	1.6	0.8	0.6	51.6	0.06	0.35	0.12
4-07-0479	粟(谷子)	11.88	9.7	2.3	6.8	65.0	2.7	15.2	13.3	63.2	0.12	0.30	0.09
4-04-0067	木薯干	12.38	2.5	0.7	2.5	79.4	1.9	8.4	6.4	71.6	0.27	0.09	—
4-04-0068	甘薯干	9.79	4.0	0.8	2.8	76.4	3.0	8.1	4.1	64.5	0.19	0.02	—
4-08-0104	次粉	12.76	15.4	2.2	1.5	67.1	1.5	18.7	4.3	37.8	0.08	0.48	0.15

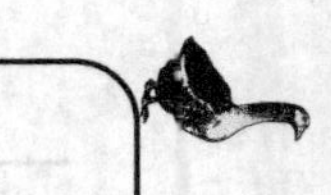

续表

中国饲料号 CFN	饲料名称	代谢能/(兆焦/千克)	粗蛋白质	粗脂肪	粗纤维	无氮浸出物	粗灰分	中性洗涤纤维	酸性洗涤纤维	淀粉	钙	总磷	有效磷
4-08-0105	次粉	12.51	13.6	2.1	2.8	66.7	1.8	31.9	10.5	36.7	0.08	0.48	0.15
4-08-0069	小麦麸	5.69	15.7	3.9	6.5	56.0	4.9	37.0	13.0	22.6	0.11	0.92	0.28
4-08-0070	小麦麸	5.65	14.3	4.0	6.8	57.1	4.8	41.3	11.9	19.8	0.10	0.93	0.28
4-08-0041	米糠	11.21	12.8	16.5	5.7	44.5	7.5	22.9	13.4	27.4	0.07	1.43	0.20
4-10-0025	米糠饼	10.17	14.7	9.0	7.4	48.2	8.7	27.7	11.6	30.2	0.14	1.69	0.24
4-10-0018	米糠粕	8.28	15.1	2.0	7.5	53.6	8.8	23.3	10.9	—	0.15	1.82	0.25
5-09-0127	大豆	13.56	35.5	17.3	4.3	25.7	4.2	7.9	7.3	2.6	0.27	0.48	0.14
5-09-0128	全脂大豆	15.69	35.5	18.7	4.6	25.2	4.0	11.0	6.4	6.7	0.32	0.40	0.14
5-10-0241	大豆饼	10.54	41.8	5.8	4.8	30.7	5.9	18.1	15.5	3.6	0.31	0.50	0.17
5-10-0103	大豆粕	15.58	47.9	1.5	3.3	29.7	4.9	8.8	5.3	1.8	0.34	0.65	0.22
5-10-0102	大豆粕	10.00	44.2	1.9	5.9	28.3	6.1	13.6	9.6	3.5	0.33	0.62	0.21
5-10-0118	棉籽饼	9.04	36.3	7.4	12.5	26.1	5.7	32.1	22.9	3.0	0.21	0.83	0.28
5-10-0119	棉籽粕	7.78	47.0	0.5	10.2	26.3	6.0	22.5	15.3	1.5	0.25	1.10	0.38
5-10-0117	棉籽粕	8.49	43.5	0.5	10.5	28.9	6.6	28.4	19.4	1.8	0.28	1.04	0.36
5-10-0220	棉籽蛋白	9.04	51.1	1.0	6.9	27.3	5.7	20.0	13.7	—	0.29	0.89	0.29
5-10-0183	菜籽饼	8.16	35.7	7.4	11.4	26.3	7.2	33.3	26.0	3.8	0.59	0.96	0.33

续表

中国饲料号 CFN	饲料名称	代谢能/（兆焦/千克）	粗蛋白质	粗脂肪	粗纤维	无氮浸出物	粗灰分	中性洗涤纤维	酸性洗涤纤维	淀粉	钙	总磷	有效磷
5-10-0121	菜籽粕	7.41	38.6	1.4	11.8	28.9	7.3	20.7	16.8	6.1	0.65	1.02	0.35
5-10-0116	花生仁饼	11.63	44.7	7.2	5.9	25.1	5.1	14.0	8.7	6.6	0.25	0.56	0.16
5-10-0115	花生仁粕	10.88	47.8	1.4	6.2	27.2	5.4	15.5	11.7	6.7	0.27	0.56	0.17
1-10-0031	向日葵仁饼	6.65	29.0	2.9	20.4	31.0	4.7	41.4	29.6	2.0	0.24	0.87	0.22
5-10-0242	向日葵仁粕	9.71	36.5	1.0	10.5	34.4	5.6	14.9	13.6	6.2	0.27	1.13	0.29
5-10-0243	向日葵仁粕	8.49	33.6	1.0	14.8	38.8	5.3	32.8	23.5	4.4	0.26	1.03	0.26
5-10-0119	亚麻仁饼	9.79	32.2	7.8	7.8	34.0	6.2	29.7	27.1	11.4	0.39	0.88	—
5-10-0120	亚麻仁粕	7.95	34.8	1.8	8.2	36.6	6.6	21.6	14.4	13.0	0.42	0.95	—
5-10-0246	芝麻饼	8.95	39.2	10.3	7.2	24.9	10.4	18.0	13.2	1.8	2.24	1.19	0.22
5-11-0001	玉米蛋白粉	16.23	63.5	5.4	1.0	19.2	1.0	8.7	4.6	17.2	0.07	0.44	0.16
5-11-0002	玉米蛋白粉	14.27	51.3	7.8	2.1	28.0	2.0	10.1	7.5	—	0.06	0.42	0.15
5-11-0008	玉米蛋白粉	13.31	44.3	6.0	1.6	37.1	0.9	29.1	8.2	—	0.12	0.50	0.31
5-11-0003	玉米蛋白饲料	8.45	19.3	7.5	7.8	48.0	5.4	33.6	10.5	21.5	0.15	0.70	0.17
4-10-0026	玉米胚芽饼	9.37	16.7	9.6	6.3	50.8	6.6	28.5	7.4	13.5	0.04	0.50	0.15
4-10-0244	玉米胚芽粕	8.66	20.8	2.0	6.5	54.8	5.9	38.2	10.7	14.2	0.06	0.50	0.15
5-11-0007	DDGS	9.20	27.5	10.1	6.6	39.9	5.1	27.5	12.2	26.7	0.05	0.71	0.48

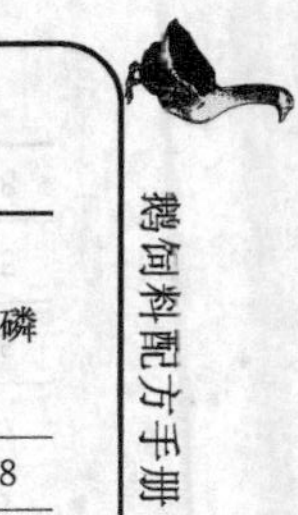

续表

中国饲料号 CFN	饲料名称	代谢能/(兆焦/千克)	粗蛋白质	粗脂肪	粗纤维	无氮浸出物	粗灰分	中性洗涤纤维	酸性洗涤纤维	淀粉	钙	总磷	有效磷
5-11-0009	蚕豆粉浆蛋白粉	14.52	66.3	4.7	4.1	10.3	2.6	13.7	9.7	—	0.00	0.59	0.18
5-11-0004	麦芽根	5.90	28.3	1.4	12.5	41.4	6.1	40.0	15.1	7.2	0.22	0.73	—
5-13-0044	鱼粉(CP67%)	12.97	67.0	8.4	0.2	0.4	16.4	0.0	0.0		4.56	2.88	2.88
5-13-0046	鱼粉(CP60.2%)	11.80	60.2	4.9	0.51	1.6	12.8	0.0	0.0		4.04	2.90	2.90
5-13-0077	鱼粉(CP53.5%)	12.13	53.5	10.0	0.8	4.9	20.8	0.0	0.0		5.88	3.20	3.20
5-13-0036	血粉	10.29	82.8	0.4	0.0	1.6	3.2	0.0	0.0		0.29	0.31	0.31
5-13-0037	羽毛粉	11.42	77.9	2.2	0.7	1.4	5.8	0.0	0.0		0.20	0.68	0.68
5-13-0038	皮革粉	6.19	74.7	0.8	1.6	0.01	0.9	0.0	0.0		4.40	0.15	0.15
5-13-0047	肉骨粉	9.96	50.0	8.5	2.8	0.0	31.7	32.5	5.6		9.20	4.70	4.70
5-13-0048	肉粉	9.20	54.0	12.0	1.4	4.3	22.3	31.6	8.3		7.69	3.88	3.88
1-05-0074	苜蓿草粉(CP19%)	4.06	19.1	2.3	22.7	35.3	7.6	36.7	25.0	6.1	1.40	0.51	0.51
1-05-0075	苜蓿草粉(CP17%)	3.64	17.2	2.6	25.6	33.3	8.3	39.0	28.6	3.4	1.52	0.22	0.22
1-05-0076	苜蓿草粉(CP14%~15%)	3.51	14.3	2.1	29.8	33.8	10.1	36.8	2.9	3.5	1.34	0.19	0.19
5-11-0005	啤酒糟	9.92	24.3	5.3	13.4	40.8	4.2	39.4	24.6	11.5	0.32	0.42	0.14
7-15-0001	啤酒酵母	10.54	52.4	0.4	0.6	33.6	4.7	6.1	1.8	1.0	0.16	1.02	0.46
4-13-0075	乳清粉	11.42	12.0	0.7	0.0	71.6	9.7	0.0	0.0		0.87	0.79	0.79
5-01-0162	酪蛋白	17.28	84.4	0.6	0.0	2.4	3.6	0.0	0.0		0.36	0.32	0.32
5-14-0503	明胶	9.87	88.6	0.5	0.0	0.6	0.3	0.0	0.0		0.49	0.00	0.00

续表

中国饲料号 CFN	饲料名称	代谢能/(兆焦/千克)	粗蛋白质	粗脂肪	粗纤维	无氮浸出物	粗灰分	中性洗涤纤维	酸性洗涤纤维	淀粉	钙	总磷	有效磷
4-06-0076	牛奶乳糖	11.25	3.5	0.5	0.0	82.0	10.0	0.0	0.0		0.52	0.62	0.62
4-06-0077	乳糖	11.30	0.3	0.0	0.0	95.7	0.0	0.0	0.0		0.00	0.00	0.00
4-06-0078	葡萄糖	12.89	0.3	0.0	0.0	89.7	0.0	0.0	0.0		0.00	0.00	0.00
4-06-0079	蔗糖	16.32	0.0	0.0	0.0	98.5	0.5	0.0	0.0		0.04	0.01	0.01
4-02-0889	玉米淀粉	13.22	0.3	0.2	0.0	98.5	0.0	0.0	0.0	98.0	0.00	0.03	0.01
4-17-0001	牛脂	32.55	0.0	98.0*	0.0	0.5	0.5	0.0	0.0		0.00	0.00	0.00
4-17-0002	猪油	38.11	0.0	98.0*	0.0	0.5	0.5	0.0	0.0		0.00	0.00	0.00
4-17-0003	家禽脂肪	39.16	0.0	98.0*	0.0	0.5	0.5	0.0	0.0		0.00	0.00	0.00
4-17-0004	鱼油	35.35	0.0	98.0*	0.0	0.5	0.5	0.0	0.0		0.00	0.00	0.00
4-17-0005	菜籽油	38.53	0.0	98.0*	0.0	0.5	0.5	0.0	0.0		0.00	0.00	0.00
4-17-0006	椰子油	40.42	0.0	98.0*	0.0	0.5	0.5	0.0	0.0		0.00	0.00	0.00
4-17-0007	玉米油	36.83	0.0	98.0*	0.0	0.5	0.5	0.0	0.0		0.00	0.00	0.00
4-17-0008	棉籽油	37.87	0.0	98.0*	0.0	0.5	0.5	0.0	0.0		0.00	0.00	0.00
4-17-0009	棕榈油	24.27	0.0	98.0*	0.0	0.5	0.5	0.0	0.0		0.00	0.00	0.00
4-17-0010	花生油	39.16	0.0	98.0*	0.0	0.5	0.5	0.0	0.0		0.00	0.00	0.00
4-17-0011	芝麻油	35.48	0.0	98.0*	0.0	0.5	0.5	0.0	0.0		0.00	0.00	0.00
4-17-0012	大豆油	35.02	0.0	98.0*	0.0	0.5	0.5	0.0	0.0		0.00	0.00	0.00
4-17-0013	葵花油	40.42	0.0	98.0*	0.0	0.5	0.5	0.0	0.0		0.00	0.00	0.00

附表 1-3　饲料中氨基酸含量

单位：%

中国饲料号 CFN	饲料名称	精氨酸	组氨酸	异亮氨酸	亮氨酸	赖氨酸	蛋氨酸	胱氨酸	苯丙氨酸	酪氨酸	苏氨酸	色氨酸	缬氨酸
4-07-0278	玉米	0.38	0.23	0.26	1.03	0.26	0.19	0.22	0.43	0.34	0.31	0.08	0.40
4-07-0288	玉米	0.50	0.29	0.27	0.74	0.36	0.15	0.18	0.37	0.28	0.30	0.08	0.46
4-07-0279	玉米	0.39	0.21	0.25	0.93	0.24	0.18	0.20	0.41	0.33	0.30	0.07	0.38
4-07-0280	玉米	0.37	0.20	0.24	0.93	0.23	0.15	0.15	0.38	0.31	0.29	0.06	0.35
4-07-0272	高粱	0.33	0.18	0.35	1.08	0.18	0.17	0.12	0.43	0.32	0.26	0.08	0.44
4-07-0270	小麦	0.62	0.30	0.46	0.89	0.35	0.21	0.30	0.61	0.37	0.38	0.15	0.56
4-07-0274	大麦(裸)	0.64	0.16	0.43	0.87	0.44	0.14	0.25	0.68	0.40	0.43	0.16	0.63
4-07-0277	大麦(皮)	0.65	0.24	0.52	0.91	0.42	0.18	0.18	0.59	0.35	0.41	0.12	0.64
4-07-0281	黑麦	0.48	0.22	0.30	0.58	0.35	0.15	0.21	0.42	0.26	0.31	0.10	0.43
4-07-0273	稻谷	0.57	0.15	0.32	0.58	0.29	0.19	0.16	0.40	0.37	0.25	0.10	0.47
4-07-0276	糙米	0.65	0.17	0.30	0.61	0.32	0.20	0.14	0.35	0.31	0.28	0.12	0.49
4-07-0275	碎米	0.78	0.27	0.39	0.74	0.42	0.22	0.17	0.49	0.39	0.38	0.12	0.57
4-07-0479	粟(谷子)	0.30	0.20	0.36	1.15	0.15	0.25	0.20	0.49	0.26	0.35	0.17	0.42
4-04-0067	木薯干	0.40	0.05	0.11	0.15	0.13	0.05	0.04	0.10	0.04	0.10	0.03	0.13
4-04-0068	甘薯干	0.16	0.08	0.17	0.26	0.16	0.06	0.08	0.19	0.13	0.18	0.05	0.27
4-08-0104	次粉	0.86	0.41	0.55	1.06	0.59	0.23	0.37	0.66	0.46	0.50	0.21	0.72
4-08-0105	次粉	0.85	0.33	0.48	0.98	0.52	0.16	0.33	0.63	0.45	0.50	0.18	0.68

续表

中国饲料号 CFN	饲料名称	精氨酸	组氨酸	异亮氨酸	亮氨酸	赖氨酸	蛋氨酸	胱氨酸	苯丙氨酸	酪氨酸	苏氨酸	色氨酸	缬氨酸
4-08-0069	小麦麸	1.00	0.41	0.51	0.96	0.63	0.23	0.32	0.62	0.43	0.50	0.25	0.71
4-08-0070	小麦麸	0.88	0.37	0.46	0.88	0.56	0.22	0.31	0.57	0.34	0.45	0.18	0.65
4-08-0041	米糠	1.06	0.39	0.63	1.00	0.74	0.25	0.19	0.63	0.50	0.48	0.14	0.81
4-10-0025	米糠饼	1.19	0.43	0.72	1.06	0.66	0.26	0.30	0.76	0.51	0.53	0.15	0.99
4-10-0018	米糠粕	1.28	0.46	0.78	1.30	0.72	0.28	0.32	0.82	0.55	0.57	0.17	1.07
5-09-0127	大豆	2.57	0.59	1.28	2.72	2.20	0.56	0.70	1.42	0.64	1.41	0.45	1.50
5-09-0128	全脂大豆	2.62	0.95	1.63	2.64	2.20	0.53	0.57	1.77	1.25	1.43	0.45	1.69
5-10-0241	大豆饼	2.53	1.10	1.57	2.75	2.43	0.60	0.62	1.79	1.53	1.44	0.64	1.70
5-10-0103	大豆粕	3.43	1.22	2.10	3.57	2.99	0.68	0.73	2.33	1.57	1.85	0.65	2.26
5-10-0102	大豆粕	3.38	1.17	1.99	3.35	2.68	0.59	0.65	2.21	1.47	1.71	0.57	2.09
5-10-0118	棉籽饼	3.94	0.90	1.16	2.07	1.40	0.41	0.70	1.88	0.95	1.14	0.39	1.51
5-10-0119	棉籽粕	5.44	1.28	1.41	2.60	2.13	0.65	0.75	2.47	1.46	1.43	0.57	1.98
5-10-0117	棉籽粕	4.65	1.19	1.29	2.47	1.97	0.58	0.68	2.28	1.05	1.25	0.51	1.91
5-10-0220	棉籽蛋白	6.08	1.58	1.72	3.13	2.26	0.86	1.04	2.94	1.42	1.60		2.48
5-10-0183	菜籽饼	1.82	0.83	1.24	2.26	1.33	0.60	0.82	1.35	0.92	1.40	0.42	1.62
5-10-0121	菜籽粕	1.83	0.86	1.29	2.34	1.30	0.63	0.87	1.45	0.97	1.49	0.43	1.74
5-10-0116	花生仁饼	4.60	0.83	1.18	2.36	1.32	0.39	0.38	1.81	1.31	1.05	0.42	1.28

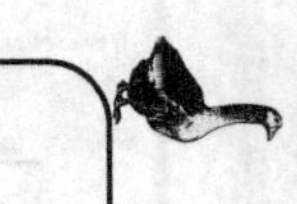

续表

中国饲料号 CFN	饲料名称	精氨酸	组氨酸	异亮氨酸	亮氨酸	赖氨酸	蛋氨酸	胱氨酸	苯丙氨酸	酪氨酸	苏氨酸	色氨酸	缬氨酸
5-10-0115	花生仁粕	4.38	0.88	1.25	2.50	1.40	0.41	0.40	1.92	1.39	1.11	0.45	1.36
1-10-0031	向日葵仁饼	2.44	0.62	1.19	1.76	0.96	0.59	0.43	1.21	0.77	0.98	0.28	1.35
5-10-0242	向日葵仁粕	3.17	0.81	1.51	2.25	1.22	0.72	0.62	1.56	0.99	1.25	0.47	1.72
5-10-0243	向日葵仁粕	2.89	0.74	1.39	2.07	1.13	0.69	0.50	1.43	0.91	1.14	0.37	1.58
5-10-0119	亚麻仁饼	2.35	0.51	1.15	1.62	0.73	0.46	0.48	1.32	0.50	1.00	0.48	1.44
5-10-0120	亚麻仁粕	3.59	0.64	1.33	1.85	1.16	0.55	0.55	1.51	0.93	1.10	0.70	1.51
5-10-0246	芝麻饼	2.38	0.81	1.42	2.52	0.82	0.82	0.75	1.68	1.02	1.29	0.49	1.84
5-11-0001	玉米蛋白粉	2.01	1.23	2.92	10.5	1.10	1.60	0.99	3.94	3.19	2.11	0.36	2.94
5-11-0002	玉米蛋白粉	1.48	0.89	1.75	7.87	0.92	1.14	0.76	2.83	2.25	1.59	0.31	2.05
5-11-0008	玉米蛋白粉	1.31	0.78	1.63	7.08	0.71	1.04	0.65	2.61	2.03	1.38		1.84
5-11-0003	玉米蛋白饲料	0.77	0.56	0.62	1.82	0.63	0.29	0.33	0.70	0.50	0.68	0.14	0.93
4-10-0026	玉米胚芽饼	1.16	0.45	0.53	1.25	0.70	0.31	0.47	0.64	0.54	0.64	0.16	0.91
4-10-0244	玉米胚芽粕	1.51	0.62	0.77	1.54	0.75	0.21	0.28	0.93	0.66	0.68	0.18	1.66
5-11-0007	DDGS	1.23	0.75	1.06	3.21	0.87	0.56	0.57	1.40	1.09	1.04	0.22	1.41
5-11-0009	蚕豆粉浆蛋白粉	5.96	1.66	2.90	5.88	4.44	0.60	0.57	3.34	2.21	2.31		3.20
5-11-0004	麦芽根	1.22	0.54	1.08	1.58	1.30	0.37	0.26	0.85	0.67	0.96	0.42	1.44
5-13-0044	鱼粉(CP67%)	3.93	2.01	2.61	4.94	4.97	1.86	0.60	2.61	1.97	2.74	0.77	3.11

续表

中国饲料号CFN	饲料名称	精氨酸	组氨酸	异亮氨酸	亮氨酸	赖氨酸	蛋氨酸	胱氨酸	苯丙氨酸	酪氨酸	苏氨酸	色氨酸	缬氨酸
5-13-0046	鱼粉(CP60.2%)	3.57	1.71	2.68	4.80	4.72	1.64	0.52	2.35	1.96	2.57	0.70	3.17
5-13-0077	鱼粉(CP53.5%)	3.24	1.29	2.30	4.30	3.87	1.39	0.49	2.22	1.70	2.51	0.60	2.77
5-13-0036	血粉	2.99	4.40	0.75	8.38	6.67	0.74	0.98	5.23	2.55	2.86	1.11	6.08
5-13-0037	羽毛粉	5.30	0.58	4.21	6.78	1.65	0.59	2.93	3.57	1.79	3.51	0.40	6.05
5-13-0038	皮革粉	4.45	0.40	1.06	2.53	2.18	0.80	0.16	1.56	0.63	0.71	0.50	1.91
5-13-0047	肉骨粉	3.35	0.96	1.70	3.20	2.60	0.67	0.33	1.70	1.26	1.63	0.26	2.25
5-13-0048	肉粉	3.60	1.14	1.60	3.84	3.07	0.80	0.60	2.17	1.40	1.97	0.35	2.66
1-05-0074	苜蓿草粉(CP19%)	0.78	0.39	0.68	1.20	0.82	0.21	0.22	0.82	0.58	0.74	0.43	0.91
1-05-0075	苜蓿草粉(CP17%)	0.74	0.32	0.66	1.10	0.81	0.20	0.16	0.81	0.54	0.69	0.37	0.85
1-05-0076	苜蓿草粉(CP14%～15%)	0.61	0.19	0.58	1.00	0.60	0.18	0.15	0.59	0.38	0.45	0.24	0.58
5-11-0005	啤酒糟	0.98	0.51	1.18	1.08	0.72	0.52	0.35	2.35	1.17	0.81	0.28	1.66
7-15-0001	啤酒酵母	2.67	1.11	2.85	4.76	3.38	0.83	0.50	4.07	0.12	2.33	0.21	3.40
4-13-0075	乳清粉	0.40	0.20	0.90	1.20	1.10	0.20	0.30	0.40	0.21	0.80	0.20	0.70
5-01-0162	酪蛋白	3.10	2.68	4.43	8.36	6.99	2.57	0.39	4.56	4.54	3.79	1.08	5.80
5-14-0503	明胶	6.60	0.66	1.42	2.91	3.62	0.76	0.12	1.74	0.43	1.82	0.05	2.26
4-06-0076	牛奶乳糖	0.25	0.09	0.09	0.16	0.14	0.03	0.04	0.09	0.02	0.09	0.09	0.09

附表 1-4 矿物质含量

中国饲料号 CFN	饲料名称	钠/%	氯/%	镁/%	钾/%	铁/(毫克/千克)	铜/(毫克/千克)	锰/(毫克/千克)	锌/(毫克/千克)	硒/(毫克/千克)
4-07-0278	玉米	0.01	0.04	0.11	0.29	36	3.4	5.8	21.1	0.04
4-07-0272	高粱	0.03	0.09	0.15	0.34	87	7.6	17.1	20.1	0.05
4-07-0270	小麦	0.06	0.07	0.11	0.50	88	7.9	45.6	29.7	0.05
4-07-0274	大麦(裸)	0.04		0.11	0.60	100	7.0	18.0	30.0	0.14
4-07-0277	大麦(皮)	0.02	0.15	0.15	0.56	87	5.6	17.5	23.6	0.06
4-07-0281	黑麦	0.02	0.04	0.12	0.42	117	7.0	53.0	35.0	0.40
4-07-0273	稻谷	0.04	0.07	0.07	0.34	40	3.5	20.0	8.0	0.04
4-07-0276	糙米	0.04	0.06	0.14	0.34	78	3.3	21.0	10.0	0.07
4-07-0275	碎米	0.07	0.08	0.11	0.13	62	8.8	47.5	36.4	0.06
4-07-0479	粟(谷子)	0.04	0.14	0.1	0.43	270	24.5	22.5	15.9	0.08
4-04-0067	木薯干	0.03		0.11	0.78	150	4.2	6.0	14.0	0.04
4-04-0068	甘薯干	0.06		0.18	0.36	107	6.1	10.0	9.0	0.07
4-08-0104	次粉	0.60	0.04	0.41	0.60	140	11.6	94.2	73.0	0.07
4-08-0105	次粉	0.60	0.04	0.41	0.60	140	11.6	94.2	73.0	0.07
4-08-0069	小麦麸	0.07	0.07	0.52	1.19	170	13.8	104.3	96.5	0.07
4-08-0070	小麦麸	0.07	0.07	0.47	1.19	137	16.5	80.6	104.7	0.05
4-08-0041	米糠	0.07	0.07	0.9	1.73	304	7.1	175.9	50.3	0.09

续表

中国饲料号 CFN	饲料名称	钠/%	氯/%	镁/%	钾/%	铁/(毫克/千克)	铜/(毫克/千克)	锰/(毫克/千克)	锌/(毫克/千克)	硒/(毫克/千克)
4-10-0025	米糠饼	0.08		1.26	1.8	400	8.7	211.6	56.4	0.09
4-10-0018	米糠粕	0.09	0.1		1.8	432	9.4	228.4	60.9	0.1
5-09-0127	大豆	0.02	0.03	0.28	1.7	111	18.1	21.5	40.7	0.06
5-09-0128	全脂大豆	0.02	0.03	0.28	1.7	111	18.1	21.5	40.7	0.06
5-10-0241	大豆饼	0.02	0.02	0.25	1.77	187	19.8	32	43.4	0.04
5-10-0103	大豆粕	0.03	0.05	0.28	2.05	185	24	38.2	46.4	0.1
5-10-0102	大豆粕	0.03	0.05	0.28	1.72	185	24	28	46.4	0.06
5-10-0118	棉籽饼	0.04	0.14	0.52	1.2	266	11.6	17.8	44.9	0.11
5-10-0119	棉籽粕	0.04	0.04	0.4	1.16	263	14	18.7	55.5	0.15
5-10-0117	棉籽粕	0.04	0.04	0.4	1.16	263	14	18.7	55.5	0.15
5-10-0183	菜籽饼	0.02			1.34	687	7.2	78.1	59.2	0.29
5-10-0121	菜籽粕	0.09	0.11	0.51	1.4	653	7.1	82.2	67.5	0.16
5-10-0116	花生仁饼	0.04	0.03	0.33	1.14	347	23.7	36.7	52.5	0.06
5-10-0115	花生仁粕	0.07	0.03	0.31	1.23	368	25.1	38.9	55.7	0.06
1-10-0031	向日葵仁饼	0.02	0.01	0.75	1.17	424	45.6	41.5	62.1	0.09
5-10-0242	向日葵仁粕	0.20	0.01	0.75	1.00	226	32.8	34.5	82.7	0.06
5-10-0243	向日葵仁粕	0.20	0.10	0.68	1.23	310	35.0	35.0	80.0	0.08

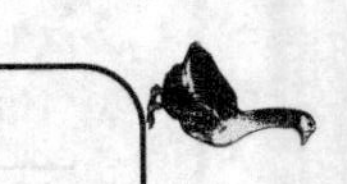

续表

中国饲料号 CFN	饲料名称	钠/%	氯/%	镁/%	钾/%	铁/(毫克/千克)	铜/(毫克/千克)	锰/(毫克/千克)	锌/(毫克/千克)	硒/(毫克/千克)
5-10-0119	亚麻仁饼	0.09	0.04	0.58	1.25	204	27	40.3	36	0.18
5-10-0120	亚麻仁粕	0.14	0.05	0.56	1.38	219	25.5	43.3	38.7	0.18
5-10-0246	芝麻饼	0.04	0.05	0.5	1.39	1780	50.4	32	2.4	0.21
5-11-0001	玉米蛋白粉	0.01	0.05	0.08	0.3	230	1.9	5.9	19.2	0.02
5-11-0002	玉米蛋白粉	0.02			0.35	332	10	78	49	
5-11-0008	玉米蛋白粉	0.02	0.08	0.05	0.4	400	28	7		1
5-11-0003	玉米蛋白饲料	0.12	0.22	0.42	1.3	282	10.7	77.1	59.2	0.23
4-10-0026	玉米胚芽饼	0.01	0.12	0.1	0.3	99	12.8	19	108.1	
4-10-0244	玉米胚芽粕	0.01		0.16	0.69	214	7.7	23.3	123.6	0.33
5-11-0007	DDGS	0.24	0.17	0.91	0.28	98	5.4	15.2	5203	
5-11-0009	蚕豆粉浆蛋白粉	0.01			0.06		22	16		
5-11-0004	麦芽根	0.06	0.59	0.16	2.18	198	5.3	67.8	42.4	0.6
5-13-0044	鱼粉(CP67%)	1.04	0.71	0.23	0.74	337	8.4	11	102	2.7
5-13-0046	鱼粉(CP60.2%)	0.97	0.61	0.16	1.1	80	8	10	80	1.5
5-13-0077	鱼粉(CP53.5%)	1.15	0.61	0.16	0.94	292	8	9.7	88	1.94

续表

中国饲料号 CFN	饲料名称	钠/%	氯/%	镁/%	钾/%	铁/(毫克/千克)	铜/(毫克/千克)	锰/(毫克/千克)	锌/(毫克/千克)	硒/(毫克/千克)
5-13-0036	血粉	0.31	0.27	0.16	0.9	2100	8	2.3	14	0.7
5-13-0037	羽毛粉	0.31	0.26	0.2	0.18	73	6.8	8.8	89.8	0.8
5-13-0038	皮革粉					131	11.1	25.2	90	
5-13-0047	肉骨粉	0.73	0.75	1.13	1.4	500	1.5	10	94	0.25
5-13-0048	肉粉	0.8	0.97	0.35	0.57	440	10	30.7	17.1	0.37
1-05-0074	苜蓿草粉(CP19%)	0.09	0.38	0.3	2.08	372	9.1	30.7	21	0.46
1-05-0075	苜蓿草粉(CP17%)	0.17	0.46	0.36	2.4	361	9.7	33.2	22.6	0.46
1-05-0076	苜蓿草粉(CP14%～15%)	0.11	0.46	0.36	2.22	437	9.1	35.6	104	0.48
5-11-0005	啤酒糟	0.25	0.12	0.19	0.08	274	20.1	22.3	86.7	0.41
7-15-0001	啤酒酵母	0.1	0.12	0.23	1.7	248	61	4.6	3	1
4-13-0075	乳清粉	2.11	0.14	0.13	1.81	160	43.1	3.6	27	0.06
5-01-0162	酪蛋白	0.01	0.04	0.01	0.01	13	3.6			0.15
5-14-0503	明胶			0.05						
4-06-0076	牛奶乳糖			0.15	2.4					

附表 1-5 维生素含量

中国饲料号 CFN	饲料名称	胡萝卜素/(毫克/千克)	维生素 E/(毫克/千克)	维生素 B_1/(毫克/千克)	维生素 B_2/(毫克/千克)	泛酸/(毫克/千克)	烟酸/(毫克/千克)	生物素/(毫克/千克)	叶酸/(毫克/千克)	胆碱/(毫克/千克)	维生素 B_6/(毫克/千克)	维生素 B_{11}/(微克/千克)	亚油酸/%
4-07-0278	玉米	2	22	3.5	1.1	5	24	0.06	0.15	620	10		2.2
4-07-0272	高粱		7	3	1.3	12.4	41	0.26	0.2	668	5.2		1.13
4-07-0270	小麦	0.4	13	4.6	1.3	11.9	51	0.11	0.36	1040	3.7		0.59
4-07-0274	大麦(裸)		48	4.1	1.4		87				19.3		
4-07-0277	大麦(皮)	4.1	20	4.5	1.8	8	55	0.15	0.07	990	4		0.83
4-07-0281	黑麦		15	3.6	1.5	8	16	0.06	0.6	440	2.6		0.76
4-07-0273	稻谷		16	3.1	1.2	3.7	34	0.08	0.45	900	28		0.28
4-07-0276	糙米		13.5	2.8	1.1	11	30	0.08	0.4	1014	0.04		
4-07-0275	碎米		14	1.4	0.7	8	30	0.08	0.2	800	28		
4-07-0479	粟(谷子)	1.2	36.3	6.6	1.6	7.4	53		15	790			0.84
4-04-0067	木薯干			1.7	0.8	1	3				1		0.1
4-08-0104	次粉	3	20	16.5	1.8	15.6	72	0.33	0.76	1187	9		1.74
4-08-0105	次粉	3	20	16.5	1.8	15.6	72	0.33	0.76	1187	9		1.74
4-08-0069	小麦麸	1	14	8	4.6	31		0.6	0.63	980	7		1.7
4-08-0070	小麦麸	1	14	8	4.6	31	186	0.36	0.63	980	7		1.7

续表

中国饲料号CFN	饲料名称	胡萝卜素/(毫克/千克)	维生素E/(毫克/千克)	维生素B_1/(毫克/千克)	维生素B_2/(毫克/千克)	泛酸/(毫克/千克)	烟酸/(毫克/千克)	生物素/(毫克/千克)	叶酸/(毫克/千克)	胆碱/(毫克/千克)	维生素B_6/(毫克/千克)	维生素B_{11}/(微克/千克)	亚油酸/%
4-08-0041	米糠		60	22.5	2.5	23	293	0.42	2.2	1135	14		3.57
4-10-0025	米糠饼		11	24	2.9	94.9	689	0.7	0.88	1700	54	40	
4-10-0018	米糠粕												
5-09-0127	大豆		40	12.3	2.9	17.4	24	0.42	2	3200	12	0	8
5-09-0128	全脂大豆		40	12.3	2.9	17.4	24	0.42	2	3200	12	0	8
5-10-0241	大豆饼		6.6	1.7	4.4	13.8	37	0.32	0.45	2673	10	0	
5-10-0103	大豆粕	0.2	3.1	4.6	3	16.4	30.7	0.33	0.81	2858	6.1	0	0.51
5-10-0102	大豆粕	0.2	3.1	4.6	3	16.4	30.7	0.33	0.81	2858	6.1	0	0.51
5-10-0118	棉籽饼	0.2	16	6.4	5.1	10	38	0.53	1.65	2753	5.3	0	2.47
5-10-0119	棉籽粕	0.2	15	7	5.5	12	40	0.3	2.51	2933	5.1	0	1.51
5-10-0117	棉籽粕	0.2	15	7	5.5	12	40	0.3	2.51	2933	5.1	0	1.51
5-10-0183	菜籽饼												
5-10-0121	菜籽粕		54	5.2	3.7	9.5	160	0.98	0.95	6700	7.2	0	0.42
5-10-0116	花生仁饼		3	7.1	5.2	47	166	0.33	0.4	1655	10	0	1.43
5-10-0115	花生仁粕		3	5.7	11	53	173	0.39	0.39	1854	10	0	0.24

续表

中国饲料号CFN	饲料名称	胡萝卜素/(毫克/千克)	维生素E/(毫克/千克)	维生素B_1/(毫克/千克)	维生素B_2/(毫克/千克)	泛酸/(毫克/千克)	烟酸/(毫克/千克)	生物素/(毫克/千克)	叶酸/(毫克/千克)	胆碱/(毫克/千克)	维生素B_6/(毫克/千克)	维生素B_{11}/(微克/千克)	亚油酸/%
1-10-0031	向日葵仁饼		0.9		18	4	86	1.4	0.4	800			
5-10-0242	向日葵仁粕		0.7	4.6	2.3	39	22	1.7	1.6	3260	17.2		
5-10-0243	向日葵仁粕			3	3	29.9	14	1.4	1.14	3100	11.1		0.98
5-10-0119	亚麻仁饼		7.7	2.6	4.1	16.5	37.4	0.36	2.9	1672	6.1		1.07
5-10-0120	亚麻仁粕	0.2	5.8	7.5	3.2	14.7	33	0.41	0.34	1512	6	200	0.36
5-10-0246	芝麻饼	0.2	0.3	2.8	3.6	6	30	2.4	—	1536	12.5	0	1.9
5-11-0001	玉米蛋白粉	44	25.5	0.3	2.2	3	55	0.15	0.2	330	6.9	20	1.17
5-11-0002	玉米蛋白粉												
5-11-0008	玉米蛋白粉	16	19.9	0.2	1.5	9.6	54.5	0.15	0.22	330			
5-11-0003	玉米蛋白饲料	8	14.8	2	2.4	17.8	75.5	0.22	0.28	1700	13	250	1.43
4-10-0026	玉米胚芽饼	2	87		3.7	3.3	42			1936			1.47
4-10-0244	玉米胚芽粕	2	80.8	1.1	4	4.4	37.7	0.22	0.2	2000			1.47
5-11-0007	DDGS	3.5		3.5	8.6	11	75	0.3	0.88	2637	2.28	10	2.15
5-11-0009	蚕豆粉浆蛋白粉		40										
5-11-0004	麦芽根		4.2	0.7	1.5	8.6	43.3		0.2	1548			0.46

续表

中国饲料号CFN	饲料名称	胡萝卜素/(毫克/千克)	维生素E/(毫克/千克)	维生素B_1/(毫克/千克)	维生素B_2/(毫克/千克)	泛酸/(毫克/千克)	烟酸/(毫克/千克)	生物素/(毫克/千克)	叶酸/(毫克/千克)	胆碱/(毫克/千克)	维生素B_6/(毫克/千克)	维生素B_{11}/(微克/千克)	亚油酸/%
5-13-0044	鱼粉(CP67%)		5	2.8	5.8	9.3	82	1.3	0.9	5600	2.3	210	0.2
5-13-0046	鱼粉(CP60.2%)		7	0.5	4.9	9	55	0.2	0.3	3056	4	104	0.12
5-13-0077	鱼粉(CP53.5%)		5.6	0.4	8.8	8.8	65			3000		143	
5-13-0036	血粉		1	0.4	1.6	1.2	23	0.09	0.11	800	4.4	50	0.1
5-13-0037	羽毛粉		7.3	0.1	2	10	27	0.04	0.2	880	3	71	0.83
5-13-0047	肉骨粉		0.8	0.2	5.2	4.4	59.4	0.14	0.6	2000	4.6	100	0.72
5-13-0048	肉粉		1.2	0.6	4.7	5	57	0.08	0.5	2077	2.4	80	0.8
1-05-0074	苜蓿草粉(CP19%)	94.69	144	5.8	15.5	34	40	0.35	4.36	1419	8		044
1-05-0075	苜蓿草粉(CP17%)	94.6	125	3.4	13.6	29	38	0.3	4.2	1401	6.5		0.35
1-05-0076	苜蓿草粉(CP14%～15%)	63	98	3	10.6	20.8	418	0.25	1.54	1548			
5-11-0005	啤酒糟	0.2	27	0.6	1.5	8.6	43	0.24	0.24	1723	0.7		2.94
7-15-0001	啤酒酵母		2.2	91.8	37	109	448	0.63	9.9	3984	42.8	999.9	0.04
4-13-0075	乳清粉		0.3	3.9	29.9	47	10	0.34	0.66	1500	4	20	0.01
5-01-0162	酪蛋白			0.4	1.5	2.7	1	0.04	0.51	205	0.4		

二、肉用禽药物饲料添加剂使用规范

品名(商品名)	规格	用量	休药期	其他注意事项
二硝托胺预混剂(球痢灵)	0.25%	每吨饲料添加500g	3	
马杜霉素铵预混剂(抗球王,加福)	1%	每吨饲料添加500g	5	无球虫病时,含百万分之六以上马杜霉素铵盐的饲料对生长有明显抑制作用,也不改善饲料报酬
尼卡巴嗪预混剂(杀球宁)	20%	每吨饲料添加100～125g	4	高温季节慎用
尼卡巴嗪、乙氧酰胺苯甲酯预混剂(球净)	25%尼卡巴嗪+16%乙氧酰胺苯甲酯	每吨饲料添加500g	9	高温季节慎用
甲基盐霉素预混剂(禽安)	10%	每吨饲料添加600～800g		禁止与泰妙菌素、竹桃霉素并用,防止与人眼接触
甲基盐霉素、尼卡巴嗪预混剂(猛安)	8%甲基盐霉素+8%尼卡巴嗪	每吨饲料添加310～560g	5	禁止与泰妙菌素、竹桃霉素并用;高温季节慎用
拉抄洛西钠预混剂(球安)	15%或45%	每吨饲料添加75～125g(以有效成分计)	3	
氢溴酸常山酮预混剂(速丹)	0.6%	每吨饲料添加500g	5	
盐酸氯苯胍预混剂	10%	每吨饲料添加300～600g	5	
盐酸氨丙啉、乙氧酰胺苯甲酯预混剂(加强安保乐)	25%盐酸氨丙啉+1.6%乙氧酰胺苯甲酯	每吨饲料添加500g	3	每1000kg饲料中维生素 B_1 大于10g时明显拮抗

续表

品名(商品名)	规格	用量	休药期	其他注意事项
盐酸氨丙啉、乙氧酰胺苯甲酯、磺胺喹噁啉预混剂(百球清)	20%盐酸氨丙啉+1%乙氧酰胺苯甲酯+12%磺胺喹噁啉	每吨饲料添加500g	7	每1000kg饲料中维生素B_1大于10g时明显拮抗
氯羟吡啶预混剂	25%	每吨饲料添加500g	5	
海南霉素钠预混剂	1%	每吨饲料添加500~750g	7	
赛杜霉素钠预混剂(禽旺)	5%	每吨饲料添加500g	5	
地克珠利预混剂	0.2%或0.5%	每吨饲料添加1g(以有效成分计)		
莫能菌素钠预混剂(欲可胖)	5%、10%或20%	每吨饲料添加90~110g(以有效成分计)	5	禁止与泰妙菌素、竹桃霉素并用;搅拌配料时禁止与人的皮肤、眼睛接触
杆菌肽锌预混剂	10%或15%	每吨饲料添加4~40g(以有效成分计)		
黄霉素预混剂(富乐旺)	4%或8%	每吨饲料添加5g(以有效成分计)		
维吉尼亚霉素预混剂(速大肥)	50%	每吨饲料添加10~40g	1	
那西肽预混剂	0.25%	每吨饲料添加1000g	3	
阿美拉霉素预混剂(效美素)	10%	每吨饲料添加50~100g	8	
盐霉素钠预混剂(优素精、赛可喜)	5%、6%、10%、12%、45%、50%	每吨饲料添加50~70g(以有效成分计)	5	禁止与泰妙菌素、竹桃霉素并用
硫酸黏杆菌素预混剂(抗敌素)	2%、4%、10%	每吨饲料添加2~20g(以有效成分计)		

续表

品名(商品名)	规格	用量	休药期	其他注意事项
牛至油预混剂(诺必达)	每1000g中含5-甲基2-异丙基苯酚和2-甲基-5-异丙基苯酚25g	每吨饲料加450g(用于促生长)或50～500g(用于治疗)		
杆菌肽锌、硫酸黏杆菌素预混剂(万能肥素)	5%杆菌肽+1%黏杆菌素	每吨饲料添加2～20g(以有效成分计)	7	
土霉素钙	5%、10%、20%	每吨饲料添加10～50g(以有效成分计)		
吉他霉素预混剂	2.2%、11%、55%、95%	每吨饲料添加5～11g(用于促生长)或100～330g(用于防治疾病),连用5～7天。以上均以有效成分计	7	
金霉素(饲料级)预混剂	10%、15%	每吨饲料添加20～50g(以有效成分计)	7	
恩拉霉素预混剂	4%、8%	每吨饲料添加1～10g(以有效成分计)	7	
磺胺喹噁啉、二甲氧苄啶	20%磺胺喹噁啉+4%二甲氧苄啶	每吨饲料添加500g	10	连续用药不得超过5天
越霉素A预混剂(得利肥素)	2%、5%、50%、	每吨饲料添加5～10g(以有效成分计)	3	
潮霉素B预混剂(效高素)	1.76%	每吨饲料添加8～12g(以有效成分计)	3	避免与人皮肤、眼睛接触
地美硝唑预混剂	20%	每吨饲料添加400～2500g	3	连续用药不得超过10天

续表

品名(商品名)	规格	用量	休药期	其他注意事项
磷酸泰乐菌素预混剂	2%、8.8%、10%、22%	每吨饲料添加4～50g(以有效成分计)	5	
盐酸林可霉素预混剂(可肥素)	0.88%、11%	每吨饲料添加2.2～4.4g(以有效成分计)	5	
环丙氨嗪预混剂(蝇得净)	1%	每吨饲料添加500g		
氟苯咪唑预混剂(弗苯诺)	5%、50%	每吨饲料添加30g(以有效成分计)	4	
复方磺胺嘧啶预混剂(立可灵)	12.5%磺胺嘧啶+2.5%甲氧苄啶	每日添加嘧啶0.17～0.2g/kg		
硫酸新霉素预混剂(新肥素)	15.4%	每吨饲料添加500～1000g	5	
磺胺氧吡嗪钠可溶性粉(三字球虫粉)	30%	每吨饲料添加600mg(以有效成分计)	1	

注：1. 摘自中华人民共和国农业部公布的《药物饲料添加剂使用规范》(2001年10月1日起实施)。

2. 表中所列的商品名是由产品供应商提供的产品商品名。给出目的是方便使用者，并不表示对该产品的认可。如果其他产品具有相同的效果，也可以选用其他产品。

参 考 文 献

[1] 林东康. 常用饲料配方与设计技巧. 郑州：河南科学技术出版社，1997.
[2] 肖功年. 饲料与饲料添加剂. 北京：中国轻工业出版社，2006.
[3] 杨凤. 动物营养学. 北京：中国农业出版社，1999.
[4] 彭祥伟主编. 新编鸭鹅饲料配方600例. 北京：化学工业出版社，2009.
[5] 沈惠乐主编. 家禽营养学. 北京：中国农业出版社，2008.
[6] 魏刚才主编. 鹅安全生产技术. 北京：化学工业出版社，2012.
[7] 佟建明主编. 饲料配方手册. 北京：中国农业大学出版社，2007.
[8] 张月琴，张英杰. 家禽饲料手册. 北京：中国农业大学出版社，2007.
[9] 王恬. 鹅饲料配制及饲料配方. 第二版. 北京：中国农业出版社，2006.
[10] 黄世仪主编. 鸡、鸭、鹅饲养新技术. 北京：金盾出版社，2009.

新编鸭鹅饲料配方600例

彭祥伟　梁青春　主编

本书从实际、实用、实效出发，介绍鸭、鹅的优良品种及其生产性能测定，饲料配制的基本要领，肉鸭、蛋鸭以及鹅的饲养管理技术及配方实例，列举配方达600余例，科学性与实用性兼备，技术先进，可操作性强，对指导发展鸭鹅养殖业、帮助从业人员致富有较大的促进作用。本书适用于畜禽养殖场饲料配方技术人员、饲料企业技术人员及专业养殖户阅读参考。

如需以上图书的内容简介、详细目录以及更多的科技图书信息，请登录www.cip.com.cn。

邮购地址：(100011) 北京市东城区青年湖南街13号

化学工业出版社

服务电话：010-64518888，64518800（销售中心）

如要出版新著，请与编辑联系。

联系方法：010-64519352 sgl@cip.com.cn（邵桂林）